JN187422

生命と偶有性

茂木健一郎

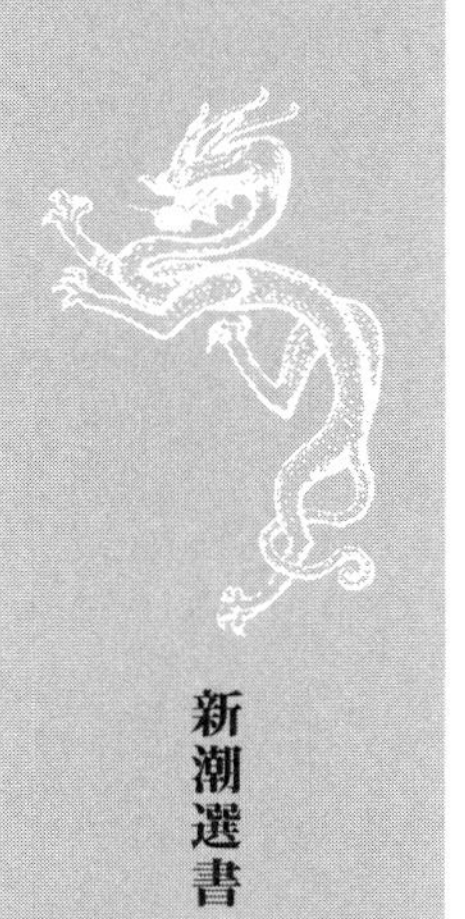

新潮選書

目次

生命と偶有性

まえがき

今、この国の人たちの胸に、漠然たる不安が去来している。そのせいで、私たちはどうにも元気がない。

将来がどうなるのかわからない。国や社会も、信じるに足らない。その中で、頼りになるのは一体何なのか？　立ち止まり、周囲を見渡し、呆然としている人も多いのではないかと感じる。

恐怖映画でもそうであるが、相手の正体がわからないからこそ、不安が募る。おどろおどろしい音楽が鳴る中、モンスターが姿を現す前が、一番恐い。姿が見えてしまえば「幽霊の正体見たり枯れ尾花」、何だそんなことか、と合点し、不安も大幅に減少してしまうことが多い。

今、日本人が不安にかられているのも、今までの自分たちのやり方が通じない、どうやらうまく行かないと感じる中で、前に立ちはだかっているものの正体が見えないからではないか。どんなに恐くても、相手をしっかりと見据えなければならない。そうしたら、案外大したことではないかもしれない。

意外な展開もあり得る。自分たちに災厄をもたらすと思っていたものが、逆に福音を運んでくることもある。不安を乗り越えて状況に飛び込むことで、自らの生命が更新され、輝きを増すことすらある。

「山川の末に流るる橡殻も　身を捨ててこそ浮かむ瀬もあれ」

平安時代を生きた空也上人の至言が示すように、流れを見据え、思い切って飛び込んでしまうことでかえって道が開かれることもある。自分が今まで身を守り、閉じこもっていた小さな空間のすぐそばに、大きな世界が広がっていることに気付くこともある。私たち日本人は今、「不安」を避けて逃亡する巧みさよりも、敢えて不安をもたらしているものの正体を見据え、正面から向き合う愚直な勇気をこそ必要としているのではないか。

日本人を今不安にさせているものの正体に、人々は次第に気付き始めている。その正体とは、すなわち、「偶有性」である。

「偶有性」とは何か——。

それは、私たちの生が容易には予測できないものであるということである。もちろん、何もかも確かなものが一切ないということではない。私たち人間の脳は、環境と相互作用しながら、その中にある確かな「法則性」を必死になってつかもうとする。確実なものはある。その一方で、不確実さも残る。確実さと不確実さが入り混じった状態。これが、

「偶有性」である。

「偶有性」とはまた、現在置かれている状況に、何の必然性もないということである。たまたま、このような姿をして、このような素質を持ち、このような両親の下に生まれてきた。他のどの時代の、どの国で生まれても良かったはずなのに、偶然に現代の日本に生まれた。そのような「偶有的」な存在として、私たちはこの世に投げ出されている。

この世のすべてが、決して確かなものとはならないこと。

また、自分が今このような状況に置かれているということに、何の絶対的根拠もないということ。

このような「偶有性」の所在は、私たちを不安にさせる。できれば、将来がどうなるか、確かな保証が欲しい。なぜ、自分がこのようなかたちでこの世に存在するに至ったのか、その信じるに足る説明が欲しい。そんな願いは、所詮は虚しい。なぜならば、私たちの生命そのものが、「偶有性」を本旨としているからだ。「偶有性」から逃げようとすることは、すなわち、「生命」そのものを否定することに等しいのである。

生命は、偶有性をそのダイナミクスの中に内在させている。私たちの細胞の中の生理プロセスは、さまざまな熱的ノイズに満ちている。脳の神経細胞は、コンピュータの中の素子のように「指示待ち」なのではなく、常に自発的に活動している。規則性のみでは、生命は成り立たない。生命は、偶有性を母胎とし、偶有性を抱きしめ、偶有性に適応することで、ここまで進化してきた。

自分がたまたま置かれた「偶然」の状況を、逃れられないものとして受容する。いわば、「偶然」を「必然」として受け入れる。そのような、「偶然」から「必然」への命がけの跳躍、すなわち「偶有性」こそが、私たちの生命を育んでくれる。そのことを、昔の人は「覚悟」と呼んだのではなかったか。

思うに、昨今の日本人には、あまりにも「覚悟」が足りなかったのであろう。人間が生きる上での、さまざまな「フィクション」を作りたがった。子どもの頃から「受験」のための勉強をして、「良い学校」に入り、「良い会社」に就職すれば、それで人生は安泰だと信じていたかった。官僚たちは「無謬性」の虚構を信じ、マスコミは後出しジャンケンの批判という「学級委員」的な振る舞いにおぼれた。結果として、国全体として、「偶有性」から逃走してしまった。そんな年月の流れの中で、日本人と日本文化は、生命力を失ったのである。

今や、私たちは、私たちを不安にさせているものの正体、すなわち「偶有性」を直視し、抱きしめるべき時が来ている。時代は転換期を迎え、世界は「偶有性」を必然として変化し始めている。各地域は相互依存のネットワークで結ばれ、ローカルには予想しがたい、遠い場所の出来事が私たちの生活に影響を与えつつある。インターネットを始めとする情報ネットワークの発達は、「予想できるものと予想できないものが入り混じっている」という意味での「偶有性」を、すっかり日常的なものとした。

今や、「偶有性」こそが、時代を理解する上での最大の鍵である。偶有性とは何か、それを理解し、受け入れ、抱きしめ、適応しなければ、今日の世界で輝くことはできない。日本の失われた十年、二十年は、まさに、私たち日本人が偶有性に対してあまりにも「逃げ腰」であったことの、一つの必然的結果である。

偶有性の海に飛び込め！　そうして、力の限り、泳いでみよ！

何を、恐れることがあろうか。生命は、もともと、偶有性の大洋の中で育まれてきたのだから。何のことはない。飛び込むといっても、母胎に還るだけの話だ。

肝心なのは、「偶有性」の正体を、しっかりと見きわめることである。偶有性から目を逸らしてきた過去にサヨナラし、私たちの身の回りで現に起きていることを直視する。それが、現在の日本に漂っている不安を解消する方法なのではないか。

偶有性を見つめよう。そこには、私たち自身の姿が浮かび上がってくるだろう。私たちの不安の理由が明かにされ、希望への道筋が見えるだろう。私たちのかけがえのない生命と、日々の偶有性と。生命と偶有性を結びつけることで、私たちはきっと再生できる。

第一章　偶有性の自然誌

もう一度生き直すこと

人生において最も深き喜びの一つは、生きていく日を重ねるに従って自分のいるこの世界についての理解が深まっていくことである。

「宇宙はこうなっている」という客観的な世界知は、自分が一人称の生をどう担っていくかという生活知と無縁であるはずがない。総合的な学問の素養なくしては、この世の生を充実させることはできない。人生という何が起こるかわからない大洋に飛び込まなければ、本物の学問などできるはずがない。最終的には宇宙全体に及ぶような巨(おお)きな知も、最初は「芥子粒のように小さなこの私」のプライベートな体験から始まる。マクロコスモスとミクロコスモスが響き合う、世界知と生活知の出会いの結節点に、私たち人間の脳がある。そこでは、生き方を模索する東洋の伝統的な「道」でさえ、大いなる学問の中に一致して行く。

ダニエル・キイスの小説『アルジャーノンに花束を』で感動的なのは、主人公のチャーリイの手術が成功し、知恵をつけるにつれて次第に自分の過去に起こったことの意味を遡って理解して行くプロセスである。人生の様々な場面がフラッシュバックし、あの時自分はこのように感じていたとか、周囲の人はこんな意図を抱いていたなどと了解していく。そのような「通過儀礼」を経ることで、自分の人生と和解する。チャーリイは、いわば、もう一度過去を生き直すのである。

人生で起こることは多様であり、私たちは瞬間瞬間を、その含意を全ては理解しないままに流されて生きていく。何が起きているのか、その事態を掌握しないままに、私たちの生はどうすることもできない形で進んでいってしまう。その奔流の中で逸失していくものを、芸術は必死になってつなぎ止めようとする。そして科学は、「経験事実」や「力学」「統計」「論理」「体系性」といった旗を掲げて、芸術とは少し違った形で（しかし、最終的には恐らくは一つの場所に流れ込んで行く軌跡を辿って）この世のありさまを明らかにしようとするのである。

世界がどのように成り立っているかということの理解が深まるにつれて、自分の過去に起こったことの理解も深まっていく。客観性と普遍性を標榜する営みが、極私的な人生経験のあわいと結びついていく。私自身、脳の本質を探求する十五年余の生活の中で、人間の脳がどのように働いているかを理解するに従って、ずっと遡って、生涯の最初の頃起こった出来事をより深く広く理解できるようになっていった。チャーリイと同じように、一種の生き生きとした「後知恵」の中に人生をもう一度生き直すのである。

うちの両親、特に母はさほど「学校の勉強をさせる」という意味での教育には熱心ではなかったが、決定的な幾つかの時期において、後々までその意味が響く人との出会いを実現させてくれた。「孟母三遷」ではないが、結局、親の役割というものは、持続可能なかたちで大きな絵を描いていく人生という「アトリエ」の中で、時折子どもという「キャンヴァス」の向きを変えたり、日なたから日陰へと移動したり、傍らにそっと新しい画材を添える。そんなところで良いのだろう。

小学校に上がる前、五歳くらいの時だったか、母は近所のお兄さんに引き合わせてくれた。大学で昆虫学を専攻しているその人は、私に様々な専門道具の使い方や昆虫採集のテクニックの手ほどきをしてくれた。今思うと、五歳の子どもによく対等に向き合ってくれたものだ。私は生意気で、なかなか言うことを聞かない子どもだったに違いない。Ｉさんは人生の恩人のひとりである。

幼い頃の記憶は、野山で蝶を追いかける時の鮮烈な感覚で彩られている。お兄さんに連れられて、長いつなぎ竿を持ってゼフィルス類を採りにいった。関東の平野部では、ミドリシジミやアカシジミを見ることができる。その名がギリシャ神話における西風の神「ゼピュロス」に由来するこの美しい蝶は、ちらちらと宝石のように舞って現前した。

「ボクが子どもの頃は、西の空が真っ赤になるくらいにアカシジミが舞っていたんだよ」

お兄さんは、そのように優しく言った。そこには、もはや太古の神話の領域に属する響きがあった。私が子どもの頃でさえ、雑木林はすでに急速に失われつつあった。東京近郊では、自然破壊によって、「西風の便り」が見られるところも少なくなってしまった。朝と夕方に特に活発に飛ぶこれらの小さく愛らしい存在を、そもそも知らない人がほとんどであろう。私たちは、自分たちのすぐそばに掛け替えのない宝物があることに案外気付かずに暮らしている。私たちの内なる宇宙を生み出す脳の働きにもまた。

身長一メートルたらずの私の視線からは、遥か天空を舞うかに見えたゼフィルスたち。顎をぐいと反り返して見上げながら、あちらこちらへと走り回った。時折、すってんと転んだ。それでも、すぐに立ち上がって夢中になって追いかけた。少し遅れてやってくる、柔らかい土の感触が忘れがたい。血が出た時は、自分で舐めてきれいにした。

私にはなかなか採れなかった。見かねたお兄さんが網に収めて、ほらこれ、と見せてくれた。それが、私のミドリシジミとの最初の遭遇だったに相違ない。緑色の金属光沢に輝くその姿は、はっと息が止まるほど美しかった。それは、現代の脳科学の言葉を使えばまさに私の意識の中で感じられる一つの「クオリア」であったが、そのようなことを知らない五歳の私は、ただただ感激に魂を震わせていた。それでいて、その心の動きを表現する術を知らなかった。ずっと想い出しさえしなかった。

「偶有性」の本質

最近の研究によれば、人格というものは遺伝的要素の影響を受けながらも、生涯にわたる経験の蓄積によって形成されていく。その中では、他者との行き交いを通して受ける影響が一番大きい。アメリカの心理学者、ジュディス・リッチ・ハリスによる総合的な検証によれば、人格形成において両親が果たす役割は約二割であり、残りの八割は生涯にわたって出会う様々な人たちから少しずつ影響を受けて形成されるという。

蝶との戯れをきっかけに出会った人たちが、私の人格形成に大いに関わったことは間違いない。小学校低学年で蝶や蛾の研究者の集まりである日本鱗翅(りんし)学会に入り、様々な年齢の方々と出会い、交流する機会ができた。しかし、そのような心温まる交流もまた、より理論的な立場から包括的に考察すれば、私の触れてきた環境に溢れていた「偶有性」の一部分だったように思われる。人間もまた自然の一部である。人と人との行き来は、規則や習慣でがんじがらめになってさえいなければ、自然と戯れている時と同じような良質の「偶有性」に満ちているものなのである。

現代の脳科学において、「偶有性」は大変重要な概念となっている。「偶有性」(contingency）とは、生きる中で出会う容易には予想できない様々な事態のことを指す。長い生物の歴史の中で、生物は自然の中に溢れる偶有性にいかに適応するかということを至上命題として進化してきたのである。

たとえば、生きものにとって食べるものがどこにあるかということは重要な問題である。「ここに行けば必ずエサが手に入る」という確実な資源を確保すれば、とりあえず当座は生きていける。しかし、その確実と思われた資源も、いつ枯渇するかわからない。季節が変わって、果物が消えるかもしれない。他のより強い動物がエサ場にやってきて、自分たちは近づけなくなってしまうかもしれない。環境の変化によって、エサの質が変わってしまうかもしれない。このように、生の現場には、容易には予想できないことが満ちている。これが、「偶有性」である。

もちろん、全くランダムで予想が不可能というわけではない。脳の最大の特徴は、「学ぶ」ことである。とりわけ、人間の脳には、どれほど学んでもさらにその先のことを学ぶことができるという素晴らしい「オープン・エンド」な性質が宿っている。

一見秩序がないように見える自然現象の中にもある程度の規則性があるからこそ、学習することに意味がある。サイコロの出目のような、ランダムな現象をいくら学習しても、そこから確率論の法則を超えた予言力のある規則性を導き出すことはできない。「各目の出る確率は六分の一である」以上のことは言えないのである。もっとも、賭をする人は

「偶数の後は奇数が出る」「六が三回続けて出た後では、絶対に六は出ない」などの思いこみ（「ギャンブラーの誤謬」）を持ってしまう。

このように、不確実な現象を前に人間が持ってしまう認知的バイアスの性質自体は興味深い研究対象であり、二〇〇二年にノーベル経済学賞を受けたダニエル・カーネマンらが発達させた「行動経済学」を受け、現代の脳科学において「神経経済学」という新しい分野が発達しつつある。しかしながら、自然の中にある偶有性の本筋はサイコロの出目の中にあるのではない。

自然の中にある偶有性の本質は、開かれた環境の中で生きものが生き長らえようと必死になって格闘する、そのプロセスの中に表れる。ひもじい中を移動しつつ、エサを探す。はたして見つかるかどうか。同行する子どもを守り切ることができるか。いよいよギリギリの状況になり、子どもが衰弱し始めてしまった時、諦めて先に行ってしまうか。あるいは、もう少し頑張ってみるか。しかし、そうすることで、子どもだけでなく、自分自身の命さえもまた、危険にさらされてしまうかもしれない。

人間は文明を築き上げ、その中で生きるか死ぬかという形で表れる偶有性を次第に排除して確実さを求めてきたが、それでも完全に安全な場所など構築できるはずがない。ましてや、野生の動物にとっては、日々が生死をかけた偶有性との闘いなのである。

脳の学習と可能無限

自然数論では、どんなに大きな数を考えても、必ずそれよりも一つだけ大きな「次の」数を考えることができる。このように、「必ず次がある」ということによって支えられている無限を、「可能無限」(potential infinity)と呼ぶ。もともとは、古代ギリシャの哲学者アリストテレスが考えた概念である。

脳は自然の偶有性の中にある規則性をとらえて、それを学習のプロセスの中で定着させ、概念化し、操作可能なものにしようとする。そのような学びの過程は、無限に続く。脳の学習のプロセスは、決して完成することはない。つねに、「次の発展の可能性がある」という形で、脳は学びを続ける。すなわち、脳は偶有性に向き合うことで、可能無限を獲得するのである。

偶有性の本質は、半ば規則的であり、そして半ば偶然であるというそのあわいの中にある。偶然と必然が有機的に絡み、その中で私たちの生は進行していく。人間を含む全ての生物のあり方は、世界に溢れる「偶有性の自然誌」(natural history of contingency)が培ってきたものなのである。

偶有性は、脳科学を始めとする現在の科学において大変重要な位置を占めている。現実の脳の神経細胞の活動を通して、経験主義科学の問題としても取り扱われている。とりわけ、脳が自らの身体のイメージをどのように獲得していくかという問題においては、感覚と運動の間の「偶有性」（心理学のコミュニティでは、同じcontingencyという言葉が「随伴性」と訳されることも多い）が死活的に重要な意味を持つことが知られている。確率論やグラフ理論などを駆使した数理モデルが構築されているほどである。

他方では、偶有性は、近代の科学主義を超えた新たな世界観を志向する者たちにとって、重要な思考上の道具となっている。『物質と記憶』などの著書を通して単純な物質主義的世界観に抗したアンリ・ベルグソンは、たった一度しか起こらない出来事が生きる上で重要な意味を持つという事実（「一回性」）などを通して、偶有性を論じた。ベルグソンとほぼ同時代のフランスの哲学者エミール・ブートルゥーは、著書『自然法則における偶有性』（The contingency of the laws of nature）の中で関連した問題を論じている。

小林秀雄は、未完に終わったベルグソン論『感想』の中で、近代の科学が依って立つ幾つかの概念的前提について批判的に論評している。また、ベルグソンが重視した「一回性」の問題は、多数の要素の集合（アンサンブル）をとってきてその統計的性質を議論するやり方の限界を指摘し、一つの力学的軌跡を追うことが認知プロセスの性質を明らかにすることにつながるとする「複雑系の科学」のアプローチにも受け継がれている。

システムを記述するパラメータが少しでも変化すれば系の挙動は大きく変わる。中国で一羽の蝶が（専門家たちは、実は「一頭」と数えるのであるが）羽ばたくかどうかで、メキシコ湾でハリケーンが発生するかどうかが左右される。このような「初期状態依存性」を持つ「カオス」と呼ばれる問題は、偶有性を理論的に整合性のある形で論じようとする時に有力な概念的ツールとなる。

たくさんの水が橋の下を流れて、私は偶有性を巡る以上のような議論に通じるようになった。しかしまあ、全ては後知恵である。子どもの頃の私に、そんなに難しい理屈がわかったはずがない。それでも不思議なことに、偶有性というものの本質自体は概念的な装置が私の中で整備される遥か以前から、ずっと内側に密かに、しかし確かに捉えられていたように思うのだ。つまりは、理屈ではない「偶有性の感覚」と言えるものが存在していたように思うのだ。

将来、現に経験しつつある偶有性の量と質を検出する領域（偶有性中枢）が脳の中に見出されたとしても、驚くには値しない。実際、幾つかの関連する機能を持つと思われる領域の候補は、すでに報告されている。そのような領域は、脳のオープン・エンドな学習のプロセスで、死活的に重要な意味を持っているに違いない。

偶有性の時間

子どもの頃の私は、偶有性をもっと直観的に捉えていた。できるかできないか。届くか届かないか。そのようなぎこちない学習機会の中にこそ、最も純粋で、同じ重さの金に相当すべき偶有性はあった。

蝶と戯れる時間は、良質の偶有性に満ちていた。家の近くの神社の森には、ゴマダラチョウがいた。白と黒の斑のこの力強く美しいタテハチョウは、小さな私にはとても手の届かない遥か上の空を飛んでいた。

大きな木(今から思えば、それはこの蝶の幼虫の食草であるエノキだったのだろう)の梢のあたりを飛んでいる様子を、私は下から辛抱強く眺めていた。大学の昆虫学専攻のお兄さんに一通りを教わり、いっぱしの虫屋として独り立ちしたつもりでいた小学校一年生の夏休み。朝、神社の森に出かけて、そのままお昼を食べるのも忘れてずっとエノキの下にいる。手には、小遣いを握りしめて父親と渋谷の志賀昆虫普及社まで行って求めた大切な捕虫網が握られている。その買い物旅行自体が、一つの「グランド・ツアー」だった。私は、当時埼玉県の田園地帯で育っていて、何回も電車を乗り継いで渋谷までたどり着いたのだ。

勢いよくはばたくゴマダラチョウに一体何を見ていたのだろう。とにかく、その優美な傑物を手に入れなければ気が済まない。そんな気持ちに私はなっていた。神社の森に通う日々を続けた。蝶が梢から下の方に降りてくるその一瞬をねらって、網を振るう。次第に高度が落ちてくると、来るべき「真剣勝負」を想って胸がざわざわとしてくる。胸が締め付けられ、やがて闘牛士が迎えるがごとき「真実の瞬間」が来る。

ギュンと網を振り下ろす。しかし、蝶は身を翻してするりと逃げていく。後には、バクバクと動く心臓と、青空が残る。しばらくして、ようやくのこと、緑の葉が風に揺れている様子が知覚された。はっと我に返る。私は、いつの間にかすっかり「今、ここ」の中に入り込んでしまっていたのだろう。

あの一連の過程に、最も良質な意味での偶有性はあった。ゴマダラチョウの飛ぶ軌道。陽の当たるところと陰になったところ。どのあたりを飛ぶか。日高敏隆さんが名著『チョウはなぜ飛ぶか』で詳述したアゲハチョウ類ほどの規則性はないものの、やはりある程度の予測はつく。

それでいて、やはり、完全には読み切れない。もっとも、そう簡単に予想できる軌跡で飛んでしまっては、鳥などの捕食者に容易にとらえられてしまう。最近になって、ハエの神経細胞の挙動と「自由意志」の関係を扱った愉快な論文が話題を呼んだが、蝶の自由意志というものは、確かに真剣に考えるに値する。何をしでかすかわからない、そんな活気に満ちた生きものの気配を、幼い私は理屈ではなくシャワーのように浴びていた。

偶有性の問題は、現代の科学界における最大の問題、すなわち意識の謎に結びつくに違いないと私は踏んでいる。とりわけ、意識の最も顕著な性質である「私」という自我や、クオリアの問題は、脳が自然の中に溢れる偶有性に適応するために進化してきたという事実と関連づけなければおそらく解くことができない。

ここに、私たちが意識の中で確かに持っていると感じる「自由意志」が中心的な論点として浮上してくる。ゴマダラチョウでさえ、あたかも自由意志を持っているかのような挙動をする。そうすることが、相手に容易に行動を読ませず、捕食もされないという生きる上での強烈な利点につながる。

人間のコミュニケーションにおいてもまた、相手に容易に意図を読まれないということは大切である。簡単に予測されるようでは、操作され、利用されてしまう（もっとも、高度の効率が要求される今日の文明化社会では、あたかも自分が操作可能であるかのように振る舞うことが、マーケットの中で職を得るという意味では適応的であるのだが）。

男心と秋の空（あるいは、女心と秋の空）。だからこそ、その容易には読むことができない相手の心を推測することが、人間の脳にとって最大の命題の一つとなる。相手の行動と、自分の行動をまるで鏡に映したように表現する「ミラーニューロン」が進化の中で発達してきた理由も、まさにそこにある。

小学一年の夏休みに戻ろう。ゴマダラチョウは、結局、一週間通ってやっと採れた。慎重に飛跡を観察して、木のこのあたりに待っていれば降りてくる確率が一番高そうだと判断して、そこで待ちかまえていたのである。

本当に目の前に降りてきた時は、どきどきした。その素晴らしい偶有性の化身をつかめ！　はたして、自分の身体が思うように動いてくれるかどうか。えいやっと振り下ろした網の中に、タテハチョウ独特の手応えのある感触を受けた時には、とにかくただただ本当にうれしかった。そして、大いにほっとした。もう暑い中、神社に通わなくてもいいのだ。

そのような経験は全て、必ずしも言語化されない一連の感覚の中に捉えられていた。感覚的クオリア、志向的クオリア、注意、意図といった専門的な用語を駆使するまでもなく、私は、意識の中に立ち現れる一連の不思議なものたちを通して、自然の中の偶有性と向き合うという類い希なる経験を幼いなりに昇華させていたのである。

脳の記憶のメカニズム

高校生になり、かのウィリアム・ジェームズの「意識の流れ」(stream of consciousness) という名高い概念に出会うずっと以前から、私は確かに一貫して「意識の流れ」の中にいたのである。しかし、そのことを知らなかった。理論武装して過去をふり返ると、後知恵がいろいろとわいてくる。チャーリイのように、もう一度人生を生き直し始める。

過去は育てることができるのである。生物にとって、もちろん、過ぎ去ってしまったことはすでに取り返しがつかない。意味があるのは、「今、ここ」から未来に向かって何をするかということである。つまりは未来へ向けての「予測」、どのように行動するかという「意図」、その結果生じる「選択」が生物の脳にとって最も肝要な機能であって、機能主義的な立場から言えば、過去を正確に記憶しておくということ自体には、それが「今、ここ」からの未来を生きることに資するのではない限り、固有の意味はない。

脳の記憶のメカニズムは、徐々に解明されてきている。大脳新皮質の側頭連合野に「いつ、どこで、何が（誰が）、いかに、どうした」といった要素を統合した「エピソード記憶」が蓄積されていく。そして、それらの「エピソード記憶」は、長い年月の間に、世界を成り立たせている様々なものたちに関わる「意味記憶」へと整理、統合されていく。

過去の経験を整理し、新たな形でお互いに結びつけ合い、そしてそれをより良い形で未来を生きるために生かす。その過程で、人間の記憶は編集されていく。編集されるのは、「エピソード記憶」や「意味記憶」だけではない。これらの記憶は、脳の中の海馬に依存して形づくられるが、海馬が損傷してもある程度残る。どのような順番でどのように手足を動かすかという「手続き記憶」においても、記憶の編集が行われているという証拠がある。

ハーヴァード大学のウォーカーらは、ピアノを弾くといった「手続き記憶」において、時間的に近接した複数の課題がいかにお互いに影響を与え、記憶を変容させていくかということを報告した。私たちのグループでも、今、関連した研究を進めている。

人間の脳の記憶は、コンピュータのそれとは全く成り立ちが異なる。コンピュータのメモリは、一度書き込まれたら基本的にそのままである。時間が経っても、変更されることはなく、何年も安定したまま保ち続けられる。

この文章を書くのに使っているコンピュータの中には、私が一九九〇年頃から書いてきた全てのテクストデータが蓄積されている。内容を忘れてしまっているものも多い。中には、書いたという事実自体を忘却しているものもある。「こんなことを論じたはずだ」とファイルを開いてみると、全く違う趣旨だったりもする。

私の脳の記憶はそのようにいい加減であるが、コンピュータの方は正確で、また安定している。コンピュータのメモリは規則性だけに基づいて構築されているが、脳は「ある程度は正確に覚えているが、ある程度は改変してしまう」という混合的戦略に基づき、記憶をメンテナンスしている。ここにも、予測可能な規則性と予測不可能なランダム性が混合した偶有性が立ち現れる。自然の中に立ち現れている様々な偶有性に適応するために、脳は自身の中に偶有性に満ちた記憶のプロセスを育んできたのである。

このような偶有性に満ちた記憶の編集プロセスには、遺伝子の関与もあるかもしれない。体験した後に発現する「前初期遺伝子」（immediate early gene）が、記憶の定着に最終的に関与しているのかもしれない。もっとも、基本的に細胞内の場所志向性を持たない遺伝子の発現が、いかに神経細胞と神経細胞を結ぶシナプス結合という場所依存性の記憶に関与することができるのか。重要な問題ではあるが、その根本原理は未だ解明されていない。遺伝子の発現自体もまた偶有性に満ちている。分子レベルの偶有性という小さなスケールから、個体の感覚や行動を支える脳という大きなスケールまで。人間を含む自然界の偶有性がどのように設計されているか、興味が尽きない。

コンピュータと偶有性

コンピュータひとつひとつのメモリのメンテナンスや、プログラムの実行において偶有性は乏しい。もちろん、コンピュータには乱数を発生させるという機能はあるが、これはあくまでも決定論的なアルゴリズムによるもので、どんな数字が出るかはあらかじめ決まっているのである。ただ、そのプログラムの中身を知らない第三者にとって、あたかもランダムであるかのように見えるというだけの話である。

ところが、そのようなコンピュータがネットワークを通して結び合い、お互いにデジタルデータを渡し合い始めると、俄然そこには偶有性らしきものが顕れ始める。例えば、あるワードで検索したとしてどのような結果が生まれるか、簡単には予想できない。親しい友人のブログにアクセスする時、「はたしてあいつは更新したかな」という期待と不安がよぎる。その時に立ち上がる偶有性の質は、自然の中の生きものと向き合う時に感じるそれとは明らかに違うが、それでも大いに議論するに値する。

検索エンジン最大手グーグルの創業者のラリー・ペイジとサーゲイ・ブリンは、インターネットは様々な情報が際限なく蓄積され、お互いにハイパーリンクで結ばれる史上最大のグラフ構造だと考えた。そのような思想に基づき、各ホームページの重要度（ランク）を決定するアルゴリズムに関する論文を書いた。彼らの論文は、スタンフォード大学から生まれた中でも最も多く引用され、そして巨万の富をもたらした知的成果の一つである。

インターネットが現にもたらしつつある「偶有性」の質が、自然の中で私たちが伝統的に向き合ってきたそれと比べてどのように違うか？　今後、デジタル情報ネットワークを中心として生み出される偶有性がどのように進化していくか？　これらの問題は、脳とコンピュータの共進化、そして文明の未来を考える上できわめて興味深い論点である。

はっきりしていることは、グーグルのような検索エンジンが提供している偶有性は、脳の中に現に存在する記憶の編集プロセスなどの、長い進化の歴史を経て培われてきた偶有性に比べて「正確さ」の点では勝るかもしれないが、新しい発想を生む「創造性」や、異質な他者と向き合う「コミュニケーション」といった視点からは、未だプリミティヴな段階に留まるということである。

徒に自然を崇拝しても仕方がない。しかし、人工物が自然を超えたと主張するならば、そもそも自然の中で何が起こっているかを、よく観察してみなければならない。「自然」の中には、当然私たちも含まれる。

ひとりの人間の脳の中には、グーグルが依存しているような古典的な人工知能のアルゴリズムを遥かに超えたかたちで体験を整理し、統合し、「今、ここ」から未来へと生きることに資する記憶の編集プロセスが存在している。そのうちの一部分しか、私たちは理解していない。記憶のメカニズムという一つの問題を巡っても、探り当て、掘り起こし、並べてみる作業は延々と続く。

偶有性の海に飛び込む

偶有性を巡る人類の知的探求の旅は始まったばかりである。

もっとも、いつまでに解明できるとか、そんな約束などできない。そもそも、科学は本来、未知の砂山を端から取り崩していくような営みではないはずだ。もしそうならば、既知の部分が増えるにつれて、未知の領域は減少していくことだろう。だが、実際はそうではない。一つのことがわかれば、十わからないことが出来る。十わかれば、百わからないことが出来る。何かをわかることが、わからないことをつかむハンドルになる。だとすれば、究極の真理というものは、逃げ水のように、どこまで追いかけても離れていってしまうものなのだろう。仕方がない。そんな風にできあがっている宇宙というものと、じっくりと付き合ってみるしかない。

意識の流れ。記憶の編集のプロセス。脳という驚異の対象を解き明かすために人類が積み重ねてきた様々な知見が、今、「偶有性の自然誌」という大きな海の中に流れ込み、目眩(めまい)がするほどの新しい世界観へと私たちを導く。そんな予感にかられている。そのような新たな科学の胎動は、私にとってもそうであったように、自分の人生をもう一度生き直す、何度も繰り返しふり返る、そして過去を育てる、そんな機会を多くの人に与えるはずだ。

「人生とは、他の計画を立てる間に、あなたに起こってしまうことである」(Life is what happens to you while you are busy making other plans)。ジョン・レノンの『ビューティフル・ボーイ』の中にあるこの詩は、他の形でもあり得たかもしれないが、今、ここにこのような姿であり、そのことを受け入れ、しかし一方で他の事態もあり得たことも忘れずに引き受けて進んでいく人生という、「偶有性の海の泳者」のモットーを簡潔に表している。

私の人生は、他の、全く違う形でもあり得たかもしれない。今の境遇とはかけ離れた場ない。

所で生まれ、縁なき人の下で育ち、想像もできない職業に就くという人生だったかもしれ

どんな形であろうとも、生きるということがそもそも「偶有性」に向き合うことであるということさえ忘れなければ、私たちは人生を楽しむことができる。偶有性を楽しむということは、一つの事実認識でもあり、また「覚悟」でもある。

私たちは、今、人間の脳が意識を生み出す過程において、「そう簡単には予測できない」という偶有性への適応がいかに重要な意味を持つかを理解し始めている。偶有性の道筋から意識の起源を理解するという知的探求は、始まったばかりである。それはまた、心が物質である脳にいかに宿るかという「心脳問題」を、より広汎な生命哲学の中に位置づけようという試みにつながる。

私たちの脳のオープン・エンドな学びを支えるために、一度だけの生を全うするために、私たちは「偶有性の海」に飛び込まなければならない。あちらこちらと泳ぎ回り、肌で感じ、目をこらし、良質な偶有性に満ちた水域を探し当てなければならない。

それは、案外あなたのすぐそばにあるかもしれない。地球誕生以来の長い歴史の中で私たちに至る生命を育んできてくれた「偶有性の自然誌」に向き合う時、私は子どもの頃に見上げたゼフィルスの舞いを思い出す。目を閉じれば、西風の神ゼピュロスが生命の躍動（エラン・ヴィタール）を運んできてくれる。古代ギリシャでは、西風は豊饒の象徴であった。

第二章　何も死ぬことはない

半ばは予想がつくが、ランダムな要素も混じる「偶有性」。偶有性は、生きる中で出会う様々な不確実性に対して脳が強健に反応するそのプロセスを理解する上で重要な概念である。

偶有性には、また、「他の状態にもなり得たが、たまたま今のような形になっている」という含意もある。

私は、他の者でもあり得た

なぜかわからないが、二人の人間が出会い、結びついて一人の人間が生まれた。様々な人々に出会い、別れ、吸収し、反発しそして受容する。そんな時間の流れの中で、「私」ができあがった。気付いてみれば、日常の繰り返しと過去からの照り返しの中で、「今、ここ」にある自分を、あたかもそれが天地開闢（かいびゃく）以来存在する確固たる存在でもあるかのように後生大事に抱いている。

しかし本当は、たまたま「私」が生まれた場所に生を享けたに過ぎない。現状に至るべき必然性があったわけではない。何者かに強制されたわけでもない。ただ、全くの偶発的な事情によって、私は今ここにこうしているというだけである。

私は、全く別の存在でもあり得た。想像もできない志向性を持ち、運命を担い、あがいているということも可能だった。いや、すっかり出来上がってしまった大人の「今、ここ」からさえも、全く違った人生を歩むことができるだろう。流され、もがき、泳いでいるうちに、気付いて見ると私は思いもかけぬ変貌を遂げている。そのようなことは、確かに可能であるし、あらゆる人に繰り返し起こってきた。

自分の人生にまとわりついている偶有性の目眩（めくるめ）く深淵に思いを致すと、私は不安の中に投げ込まれる。同時に、何故かは知らないが、根源的な生の喜びの中に人知れず胸がときめく。すっかり固定化したもののように思えていた自分の人生が、揺れ動き、ざわめき、甘美な予感に満ちた風が吹き始める。その時、私は「まさに生きている」と感じる。

「私は、全く他の者でもあり得た」

自分に時々そう言い聞かせることは、人生をその「偶有性」のダイナミックレンジの振れ幅のすべての中で味わい、行動し尽くすためにどうしても大切なことである。そして、私たちは往々にしてその呼吸を忘れてしまっている。

ある時、私は九州大学主催の会で脳の働きについて講演をしていた。私の話の後に、パネルディスカッションになった。単独で話す時に比べれば少し心に余裕ができる。他のパネリストの話を聞きながら、会場に来ている人々の顔を見ていた。

様々な人たちがいた。男も、女も、若い人も、年老いた人も、美しい人も、目立つ人も、控え目な人も。楽しげな人も、どこか物憂げな人も。人生がまだこれからの人も、峠を越えたと思いこんでいる人も。多種多彩な顔をした様々な雰囲気の人たちがいて、私たちの話を聞いて下さっていた。

そうやって、壇上から一人ひとりの顔を見ている時に、突然、「私はこの中の誰でもあり得たのだ」という思いにかられた。どうして、その瞬間にそんなことに思いが至ったのかはわからない。私の母親は北九州市の小倉出身であり、九州はいわば私の「半身」が由来する場所。会場に集った人たちとはどこかでつながっているという思いがあったのかもしれない。

いずれにせよ、その時、ありありとしたリアリティをもって、私は会場に来ている誰でもあり得たのだという真実を直覚したのである。それは、裸足で砂浜を歩いていて突然流木を踏んだごとく明瞭な身体感覚だった。

もし、人生が入れ替わったら。私は、全く違う人たちを「父」であり、「母」であると思っていたのだろう。異なる家に馴染み、別の母の自慢の料理を味わい、今はまだ見知らぬ人たちを友人だと思って成長していくのだろう。風土も異なり、学校も違う。そんな中で形成されていく「私」というものを、あたかもそれが確固たる存在であるかのようにいつしか抱き、慈しんでいくのだろう。

思いもよらぬ人と出会い、やがて愛するようになるのだろう。結ばれ、家庭を築くのだろう。お互いの至らなさに傷つき、時にはケンカをするのだろう。それでも、そのような日常に慣れ、長年のうちに蓄積された習慣を、自分の一部とみなすようになるのだろう。やがて、自分がそのような存在であることに、何の疑問も抱かなくなる。他ならぬ「今、ここ」にいる私のように。

この会場に来ている誰でもあり得た！　そのことに思い至った時、私は根源的なる不安にかられた。それと同時に、心の中を大風が通り過ぎ、どこからか甘美な香りが漂ってくるように感じた。その胸騒ぎが忘れられない。いや、断じて忘れてしまうわけにはいかない。

私は、誰でもあり得たのだ！　しかしながら、何故かわからないが、私は今ここにこうしているのだ！

絶対に自分の身体からは逃れられないという息苦しい思い。いや、どっしりと根を下ろして踏ん張るのだという開き直る気持ち。同時に、本当に誰にでもなり得たのだ、これからも変貌できるのだという不安と希望。様々な感情の汽水域にあって、私は混乱し、同時に確信していた。

たとえ、どんな立場に置かれたとしても、その人生の偶有性を楽しんでみせる。美しい人に生まれたならば、それなりに。凡庸な人生でも、その中に必ず「どうなるかわからない」という偶有性を見いだしてみせる。ヘンテコな人と結婚してしまったとしても、そのヘンテコな日常の中で偶有性を見つけてみせる。偶有性に対する強健な態度とは、すなわち「覚悟」のことである。どんな人生を歩んだとしても、その「偶有性」を引き受け、味わう覚悟さえあれば、生きるということを裏切ることにはならないはずだ。

「他の私でもあり得たのだ」という思いに胸をざわつかせながら、それでもなお、「今、ここ」の私の限定された状況を受け入れる。生きるということをぎりぎりのところで担保する方法は、それ以外にない。

何も死ぬことはない

人生の偶有性の不可思議について想いを巡らしているうちに、いつしか思念は流されて、かつて「エレファント・マン」と呼ばれていた男を思い出す。組織が変形、膨張する難病「プロテウス症候群」にかかってしまったジョゼフ・メリック。ヴィクトリア朝時代の英国に実在した人物である。文献学的混乱により、時には「ジョン・メリック」と呼ばれることもある。

ジョゼフは三歳で発病した。身体の側面から小さな隆起が現れたのである。組織はどんどん肥大していった。やがて、ジョゼフは、サーカスの「フリーク・ショウ」で生計を立てるようになった。収入は悪くなかった。やがて、「フリーク・ショウ」が英国では法律で禁止されたため、ジョゼフは新たな生活を求めてベルギーに旅立つ。そこで、不当な扱いを受ける。

ロンドンに戻り、アレクサンドラ皇太子妃に会ったことがきっかけとなって、ヴィクトリア朝英国の上流階級の同情の的となる。ヴィクトリア女王にも謁見する。尊敬すべき人たちの社会の中にそのような「居場所」を与えられつつも、ジョゼフは、目の見えない人たちのいる病院に入り、自分を外見とは関係なく愛してくれる人と出会いたいと希望し続ける。

ジョゼフは、睡眠中に巨大な頭蓋骨を支えきれずに首の骨がずれたことが原因となり、二十七歳の若さで生涯を終える。数奇な運命の下、人々の時に非情な好奇心と心ある人たちの同情に包まれた短い人生だった。その骨格標本は、王立ロンドン病院に保存されている。歌手のマイケル・ジャクソンは、約一億円でジョゼフの遺骨を購入したいと申し出たことがあると言う。

「エレファント・マン」と呼ばれたジョゼフ・メリック。「自分が他の姿だったら」と何度思ったことだろう。確かに、ジョゼフは異形の人だった。しかし、その心根は美しかったと伝えられる。そもそも、外見的な「美しい」と「醜い」の差は何だろう。あらゆる美意識というものは、畢竟、一つの偏見に過ぎないのではないか。ナイーヴな「美しさ」の探究は、「真実」を前にして無傷のまま維持しうるのか？　そもそも、「真実」は本当に「美しい」のか。ジョゼフ・メリックの人生は、そんな根源的な問いを私たちに投げかける。だからこそ、私たちは彼を忘れることができない。

ジョゼフ・メリックの人生に基づいたデイヴィッド・リンチ監督の映画『エレファント・マン』は、一九八〇年に公開されて社会現象を巻き起こした。この映画の中で、ジョゼフが十二歳の時に亡くなった母親は美しくやさしい人として描かれている。変わりゆく息子を愛し続けた母の心根と、ジョゼフ自身の繊細で美しい心情が共鳴して、見る者に一種忘れがたい感触を残す。

映画のラストシーンで、ジョゼフは自ら作った教会のモデルを傍らに置いて、ベッドの上に静かに横たわる。そして、薄れていく意識の中で、英国の桂冠詩人アルフレッド・テニソンの詩「何も死ぬことはない」をやさしかった母が朗読する様子を、星空を背景にした幻の中に見るのだ。

テニソンの詩は、次のように始まる。

私の眼下の川は、やがて流れることに倦(う)むのか？
空を吹く風は、いつか飽きてしまうのか？
雲はいつしか空を行くことから離れるのか？

心臓は打つことを止めるのか？
自然は死ぬのか？
とんでもない。何も、死ぬことはない
川は流れる
風は吹く
雲は空を行く
心臓は鼓動する
何も死ぬことはない（引用者訳、以下同）

二時間の映画の中でジョゼフ・メリックに寄り添ってきた観客たちの心にテニソンの言葉が染み入り、ざわざわと揺らし始める。テニソンは、英国においてシェークスピアに続いて引用されることの多い文学者だという。なぜ、言葉は力を持ちうるのか。そして、人は、なぜその力を感受することができるのか。

私たちが死を思うのも、「今、ここ」にある「私」が固定されたものだと思うからである。全ては流れ行き、変化し、乗り越えられ、融合し、混ざり合うと思えば、いきなり宇宙空間に飛び出して、青い地球を外から見てしまうような飛躍は、きっと可能なのではないか。

「私は、今ここにいる現実の私と、全く異なる私であった可能性があった」ジョゼフ・メリックの胸のうちを幾度となくよぎったであろう思念。ジョゼフは、たった一度しかない地上の生において、自分がなぜあまりにも重い運命を引き受けなければならないのか、何回も問いかけたことだろう。できれば違う運命の下に生まれたかったと儚い希望を抱いたことだろう。

「エレファント・マン」のように劇的なコントラストがある場合でなくても、「現実の私」と、「あり得た私」の間の対照は、現実には存在しないものを仮想し、わが身に引きつける能力を持ってしまった私たちの意識の芯に突き刺さる。

「現実の私」でなければ良かった。それは、自分の思想に酔いしれて金貸しの老婆殺しの罪を犯してしまったラスコーリニコフの脳裏を何度となく稲妻のようによぎった戦慄だったはずである。そして、私たちは一人残らずその稲妻の作用と無縁ではない。

テニソンの詩は続く。

世界は決して創造されなどしない
それは変化し続けるだろう。しかし、消えることはないだろう
颪よ荒れよ
夕暮れと朝は、永遠に続くのだから

何もかつて生まれたことはない
何も死ぬことはない
万物は、ただ変化する

何も生まれない。何も死ぬことはない。万物はただ変化する。

人類の歴史において、思い詰め、窮地に陥った思想家が確かにたどり着く「木もれ日の差す吹きだまり」のような場所。ヘラクレイトスは「万物は流転する」と述べた。フリードリッヒ・ニーチェがスイスのシルス・マリアで構想した「永劫回帰」も、変化し続け常在する宇宙との一つの和解の試みであった。

死を受け入れると同時に生をその全体において抱きしめる。そこには、もはや個別化の原理は存在しない。変化は避けることができない。個体にとって、死はやがては必ず訪れる。しかし、この世の中に満ちている「偶有性」を正面から見据え、それを受け入れることで、私たちは「何も死ぬことはない。万物は、ただ変化する」という達観の境地に至る。

もちろん、人生がそれで終わってしまうわけではない。本当の「あがき」は、達観したその瞬間から始まる。万物は流転する。私たちはぐるりと大きく回って、出発点へと戻るだけである。

チャールズ・ダーウィンはアメリカの植物学者アサ・グレイに宛てた手紙の中で、「背景に法則が潜み、詳細は偶有性に支配される」と書いた。

私たちの生の詳細は偶有性の作用の中で形づくられる。人の見た目はさまざまである。しかし、その違いのみに心を奪われてはならない。私たちの外見や性格は多様であるが、その背後に、必ず「普遍的にして人間的なるもの」があるはずである。「偶有性」を固定化された表象としてとらえるのではなく、変化し、融合し、乗り越えていくダイナミクスの中にとらえることで、初めて私たちは背景にある「法則」に近づくことができる。

世界には数千の言語がある。ノーム・チョムスキーが指摘したように、言語には、その表面的な違いを超えて、普遍的な文法構造が潜んでいる。大切なのは、どのような言語体系の中に投げ込まれても、その中で強健に言語を獲得していく人間の学習能力を見きわめることである。

ある言語が他の言語よりも論理的であるとか、響きが美しいなどというのは、偏見に過ぎない。何よりも、母のやさしい呼びかけの味わいは、それが何語で行われても変わりはしない。

会話の中に含まれる「母音」や「子音」の数や用法は言語によって異なる。日本人が「エル」と「アール」の子音を区別できないというのは国際的にも著名な事実である。私たち日本人は、宇宙の森羅万象を「五十音」で表し、それで足りると信じてきた。

母音においても、日本語は「経済的」である。現代日本語には、母音が五つしかない。一方、中国語には、単母音、複母音、そり舌母音、鼻母音と分類される多数の母音がある。単母音だけでも六つある。日本人が歴史の中で中国文化の圧倒的な影響を受けながら音韻的には感化されることの少なかったのはなぜか。音の感覚というものはそれほど保守的なものか。文化史上解き明かされるべき謎の一つである。

音韻学習に関わる絶対的な臨界期が存在するかどうかについては学説が分かれている。しかし、経験的事実としては、幼少期のある時期を逃すと、自国語にない外国語の母音、子音の認識、発音を学習することが困難になることは事実である。

研究者の報告によると、アメリカ人の子どもでも、目の前に中国人のインストラクターがいて一緒に遊んだりすると、複雑な中国語の母音を聞き分け、発音できるようになる。しかし、同じことをテレビモニターを通して行うと効果が減ずるという。モニターの向こうに人がいて、「リアル・タイム」で相互作用をしても駄目なのである。

どうやら、「今、ここ」に実際にその人がいるという「生」の臨場感に優るものはないらしい。

まさに、手を伸ばせば触れることのできる場所に息づいている人がいる。そのような他者との出会いを通して、私たちは次第に自分を形成していく。母国語との出会いとは、つまりは母や父といった生身の人々との出会いである。一方で、それは生物学的な必然ではない。遺伝的情報系とは切り離された文化的遺伝子（ミーム）のダイナミクスとの遭遇の結果、私たちはある言語文化を受け入れる。

学習に絶対的な臨界期があるといった単純化には与すべきではない。それは時に怠惰な「運命論」へと私たちを導くからである。ジョゼフ・メリックが生涯をかけて夢見続けたように、あるいはアルフレッド・テニソンの詩の中に予見されているように、「今、ここ」の私から変わりうるのだという予感なしでは生命というものの中心に至ることはできない。

脳は、何歳になっても「可塑性（かそせい）」を持つ。神経細胞と神経細胞の間の結合は変化し得るのである。脳の学習は「オープン・エンド」であり、終わりがない。どこまで学びが進んでも、必ず「その次」がある。学ぶことは、自分自身が変わり、世界が変わって見えることである。

一瞬後には、世界が全く異なる場所に見えるかもしれない。そのような「認知的革命」こそが、私たち人間のもっとも躍如たる希望である。

一方で、私たちの脳の可塑性が過去からの体験の積み重ねの上にあることも事実である。私たちは、昨日まで経験してきたことの文脈の上に今日出会うことを積み上げる。脳の内部の神経回路網の絶えざる自己改新とは、一連の造山運動のようなものである。地下から突き動かされ、隆起し、あるいは浸食される。一瞬前までの「経路積分」の次の断面として、「今、ここ」の瞬間は包容される。

かつて岡本太郎が乾杯の音頭を頼まれて「この酒を飲んだら死んでしまうと思って飲め、乾杯!」と叫んだように、生きるということは何も見えぬ暗闇への命がけの跳躍である。その一方で、生きるとは、絶えざる「過去との和解」でもある。

宇宙は永劫回帰し、あらゆる可能性は試されるのかもしれない。しかしながら、私たちは、肉体をまとった現存在として否定しようもなく「今、ここ」にある。にもかかわらず、私たちの精神がかつて一度も存在したことがないものも含めて森羅万象を仮想することができるというのは一つの奇跡である。

私たちは過去の精神の造山運動の結果として「今、ここ」に縛り付けられている存在なのだ。かつてジョゼフ・メリックが痛いほど知っていたように。そして、そのような生の本質は、表面の固定化された表現形質を超えて、背景の本質に至る偶有性のダイナミクスを見据えた時に初めて明らかになる。

磁石に導かれて

実際に起こったことと、起こったかもしれないことを比べることは、甘美な後悔にどこか似ている。私たちは、一人ひとり、実際には「今、ここ」にいるこのような人間になってしまった。しかし、そのようになってしまった私のすぐそばに、全く異なる人生の履歴を辿っている「もう一人の私」がいたはずなのだ。

煙草のけむりが漂うと、空気中にもともと存在していた運動が可視化される。流れが渦巻き、よどみ、急上昇し、ゆったりと下降する。その惑いのごとき動きを構成している一つひとつの分子のことをぜひとも想像してみよ。

酸素や窒素や二酸化炭素の分子だって、本当は自分の思った通りのところに行きたいだろう。しかし、そんなわけにもいかないのだ。室温における大気中の分子の平均自由行程は一ミクロン以下である。動いてはぶつかり、飛び跳ねてはまた軌道が変わる。小突かれ、運動量を交換し、ジグザグに移動しながら、分子たちはさぞや口惜しいだろう。自分の運命のパートナーがすぐ近くを通ったとしても、そう簡単には出会うことさえかなわないのだ。

私たち一人ひとりの人間の社会の中での動きも、また、空気中の分子のそれに似ている。

私たちは人々と出会い、交わり、影響され、成長し、そんな中で意志をもって自分の運命を選び取っているかのように思っているが、実際には周囲に小突かれてあっちへふらふらこっちへよろよろしているだけのことである。

周囲との相互作用が準備した本当に狭い軌道の中を、私たちはわけもわからず進んでいる。自分の人生など、完全な意味で自由になるはずがない。だからこそ、何が起こるかわからない、何者でもあり得たという偶有性の知覚だけが、人生において保ち続けることのできる唯一の矜恃となるのだ。

子どもの頃から蝶を追いかけていた私が、生物学ではなくいつしか物理学を志していたのはどのようなわけか、明確な理由を認識することは叶わぬ。

いずれにせよ、大学に進学する時には、自分が将来やるべきことは物理学をおいてないのだと思い定めていた。今、心と脳の関係を問う中で「クオリア」の謎の解明をライフワークと定めているのも、物理学を志す中で大切に抱いた「この世界をその中心において統べているもの」への憧れに導かれてのことである。

私の現在の志向性が、「おぎゃあ」と生まれた時にすでに定められていた方向性であるはずがない。いろいろな偶然が重なって、今このようになった。「世が世なら」全く別のことになっていたかもしれない。

人生の偶有性は、意外な時に私たちを不意打ちする。その波紋は消えずに潜行する。

私が初めて「磁石」のことを意識したのは、小学校二年くらいのことだった。学習雑誌の付録に入っていた「砂鉄」に感心したのか。あるいは、赤と青に塗り分けられた棒磁石どうしをくっつけたり離したりする指先の独特の感触に魅せられたのか。とにかく、気が付くと私は学校の行き帰りに磁石について考え始めていた。

その頃は、電車に乗って一駅だけ行ったところにある小学校に通っていた。一度、皆で電車に走り込み、一人だけ遅れてしまったクラスメートがホームで泣き顔になりながら僕らを見送ったことがある。駅から校舎までの道の中ほどに駐車場があった。下校時にはちょうど太陽で道が白く輝く頃合いで、私はその光の中をとぼとぼと歩いた。いつもそうだったはずは絶対にないのに、一人で歩いているイメージばかりが想い出される。

その駐車場の横を通ると、なぜか、「磁石はなぜ引き合うのか」ということについて考えたくなった。理科の学習漫画などで、原子には原子核というものがあって、その周囲を電子が回っているというくらいの知識はあったのだろう。本格的な電磁気学などを知らなくても、あれこれと考えを巡らすくらいのことはできた。

思い煩っていたのは、どうも、電子が原子核の周囲を回る様子と、磁力との関係だったようである。そんなことを独力で着想するはずがないから、何かの本で読んでとっかかりの知識は得ていたのであろう。

電子がある方向にぐるぐる回ると、磁力というものが生じて、それが、自分の手の中の

Ｎ極とＳ極の引き合う時の「すう」とした手応えに通じる。あるいは、Ｎ極とＮ極が、あるいはＳ極とＳ極が反発する時の「ふわっ」とした弾性を生み出す。そんな関係性が不思議で仕方がなくて、歩きながらずっと考えていた。

電子の軌道が「円い」感じと、磁石の「ふわっ」や「すう」という手応えは、一体どのようにつながっているのか？　そんなことを、子どもらしい素朴さをもって考えていた。

思考は、明らかに場所と結びついていた。なぜか知らないが、駐車場のところに差し掛かると磁石のことを考えたくなる。そんなことが、一月程も続いただろうか。それが、大人の目から見てどれくらい立派な思考だったのか、今となってはわからない。ふり返って印象的なのは考えていたことの内容ではなく、磁石を巡る思考が特定の場所と結びついていたことである。

脳は、外界と常に情報をやりとりしながら働き、学び、変わっていく存在である。思考は、私たちにとってはまだ明らかではない形で、周囲の環境に左右される。しかも、直接の脈絡をとるとは限らない。抽象的な思考回路のダイナミクスが、取るに足らないかに見える外の景色の詳細に影響されるということは、十分にあり得るのだ。

もし、あの白く照らされた駐車場がなかったら、果たして私は小学校二年生の時に磁石について考えていただろうか。もし、磁石について思いを巡らせていたという経験がなかったら、後に、小学校五年生で物理学者アルベルト・アインシュタインの伝記に出会った時、「この人の成し遂げたことが世界で一番価値のあることだ」「この人がたどったような人生を、私もまたたどりたい」などと思い詰めただろうか。

考えてみても、ひやひやする。私は、ただ、周囲の気体分子に小突かれてあっちにふらふら、こっちへよろよろしていた一つの分子に過ぎないとつくづく思う。

今と全く違った場所に運ばれていってしまった可能性はきっとある。そちらの方が幸せだったのか、一体何がどうなっていたのか、いずれにせよ、想像してみるしかない。思い巡らせば、くらくらとする。そして、甘美で恐ろしい予感がする。

科学と魔法

子どもの頃は、誰にとっても偶有性は気付かぬうちにむき出しのままに現れる。それは、輝かしく、また恐ろしい姿をしている。年若いほど、自分がこの世に生み出されたという不条理と奇跡に関わる想い出が鮮明である。

思春期になって条理がわかるようになってから、父と母のなれそめの話を聞くと胸が騒ぐ。そこに人の心の機微を見ると同時に、「私は、ひょっとしたら存在しなかったのだ」という思いがかすめるのだ。

ほんのちょっとのことで良かった。道を曲がるタイミングが少しずれていたら。電車に一本乗り遅れていたら。その時、その選択をしなかったら。「私」というマーカーの付けられた気体分子は全く異なる場所に運ばれ、あるいは反粒子と衝突して光と消え、私は「永劫回帰」の夢を見ることもなかっただろう。

起源に遡るほど、私たちはそこに様々な要素が未分離のままに混淆しているありさまを見る。きれいな乖離などない。そこにあるのは猥雑でしかし泥のような生命力に満ちた粘着質の何かである。原形質が方向もわからずにうごめく。そんな時、私たちは自分でもわからない謎に誘われて動き出している。ふと気付くと一歩、また一歩と歩き始めている。

磁石について思い煩っていたのと同じ頃、私は家の近くで拾った粘土で遊んでいた。何が目的だったのか、はっきりと思い出すことさえできない。とにかく、私は粘土を水でこねて、形を整えて、そして家の前の道路の脇に置いておいた。

翌朝になったら、その粘土は、硬い石になっていた。記憶の中で粘土を置いたまさにその場所に、その石はあったのである。

秋がいよいよ深まって冬へと変わっていく頃。夜は底冷えしていた。私は、そのような経験事実の総体として、気温が低下することの一つの作用の結果、粘土が一晩のうちに石に変わってしまったのだと信じた。

冷静に考えれば、粘土が風か何かでどこかに行ってしまい、石ころが転がってきたのだという判断ができたかもしれない。あるいは、自分が粘土を置いた場所を間違えたのだと思えたかもしれない。

しかし、幼い私は粘土が一晩にして硬い石に変じるという自然の作用がまさに起きたのだと信じてしまった。石は、見るほどにほれぼれするような模様をしていて、まさに「一晩にして石と化す」奇跡の結果に相応しかった。美というものは常に人の心を惑わすものである。私は、自然界の秘密を一つ発見した気がして、小躍りするような思いだった。

「石を作る方法」。紙二枚ほどのそんな文章を書いて、学校の先生に提出した。自由研究か何かの宿題としてちょうど良かったのだろう。

粘土を水で混ぜて、一晩外に放置します。なるべく気温が下がる夜がいいです。翌朝になると、粘土が硬くなって、石になっています。石になる途中で、模様ができます。たとえば、こんな模様です。

そのような文章の下に、石をスケッチした図が付けられていた。

今にして思えば、私が生まれて初めて書いた「科学論文」であった。好奇心にあふれた子どもは、目新しい体験によって心を動かされる。そして、時に簡単に誤謬へと導かれる。造山運動に至るような地殻変動において、地上では存在しないような大きな圧力がかからなければ石など形成されない。そんなことは今では当然のことながらわかっている。しかし、当時の私には思い至らなかった。目の前に突然現れたと思いこんだ「新奇な現象」

にすっかり心を奪われてしまった。

磁石について考えると同時に、石を作る方法を発見したと思いこむ。「科学」と「魔法」は、その頃、まだ未分離だった。だからこそうごめいていた胸の内の何かがあったような気がして、その感触を甦らせようと時々試みる。

あの時の「奇跡の石」は、タンスの引き出しに大切にしまってあったはずが、いつのまにかどこかに消えてしまったのはかえすがえすも残念である。

境界を越えて

形が定まった状態ではなく、どこに向かうかわからない姿は、未分化であるがゆえの危うさを内包していると同時に、固まってしまっては失われる爆発的な生命の気配を伴っている。

そう簡単に、自分の正体を知られてはいけない。自分でも決めつけてはいけない。見通すことのできない暗闇の中に倒れ込み続けてこそ、私たちの生はその本分を発揮する。

見知った領域から離れた精神の異界への飛躍を敢行しなければならない。次から次へと。倦まずに、停まらずに。自らの存在を脅かされる時に、もっとも純粋な形で生の悦ばしき知識を得ることができるのだ。

テニソンの「辞世の詩」と呼ばれる「境界を越えて」は、テニソンが病気になった時に海辺の町で書かれたものである。本人にも、それが自身の「挽歌」となるという意識があった。死の少し前に、息子に対して、自分の詩集の最後に「境界を越えて」を置くようにと指示している。

黄昏と夕暮れの鐘の音
その後に訪れる暗闇
私がやがて出発する時には、哀しみや別れは要るまい
慣れ親しんだ時間や空間から
奔流は私を遠くまで運ぶだろうが
境界を越えたその時には
私の航海長についにまみえるのだ

死の世界への移行を描いたテニソンの韻律が、かえって純粋に生きることの本質をとらえているように感じられるのは、何故だろうか。生きるとは、畢竟、古い自分をうまく死なせ続けることではなかったか。

宇宙の万物は永劫回帰し続けるという思想は、確かに私たちを戦慄させる。しかし、私

たちのちっぽけな人生の中でも、目眩く「今、ここ」の移行は無数にあり、生ある限り繰り返し続ける。何が起こるかわからない将来は、あっという間に「今、ここ」の鮮烈に変換され、そして手の届かない過去へと変貌してしまう。この「時間の錬金術」より深い奇跡はこの世に存在しない。

偶有性の本質を見失わない限り、私たちは戦慄し続けることができる。この一瞬は過ぎ去る。そして、何も死ぬことはないのだ。

第三章　新しき人

新しき人

十九世紀、ドイツの哲学者フリードリッヒ・ニーチェは、その著書『ツァラトゥストラはかく語りき』の中で、「超人」という概念を提唱した。

私たちは、この世の中に産み落とされて以来、いかに生きるべきか、そもそも人生の目的とは何か、悩み続けている。長い間、宗教がその答を与えてくれると多くの人が期待していた。しかし、ニーチェの頃には、既存の宗教の体系は、少なくともそのままでは、当時の諸学問の最先端の成果を身につけた知識人たちには受け入れがたいということが明らかになっていた。

「神は死んだ!」

ニーチェは宣言した。しかし、その叫びの中には、かえって「神なき世」でもなおも倫理的な問題を追求せざるを得ない、ニーチェの本質的性向が表れているようでもある。

私たちの住むのは、「背骨の折れた」世界。「個別化」されて、ばらばらになった宇宙。皆本当のことを言えば魂において孤独である。若き者もいつかは老い、愛する者もやがて別れる。『ツァラトゥストラはかく語りき』では、そのような存在の不条理が、蛇の姿となって男の喉の奥に噛みついている。

「何もしていないよ」

「うそつけよ。息をしているだろう」

「心臓を動かしているだろう」

子どもの頃に誰もが交わした他愛のない会話の中に、存在し続けることに対する人間の根源的不安が見え隠れする。

息をしていても、心臓を動かしていても、とにかくずっと蛇は私たちの喉の奥に噛みついている。それが存在の不条理である。生まれてきたという原罪である。

ニーチェが『ツァラトゥストラ』を始めとする様々な哲学エッセイの中で解決を試みたのは、結局、神なき世で人間はいかに救済されるのかという問題だった。ニーチェは、それが、人類にとっての唯一の知的課題であることを見通した。そのことは、今でも変わっていない。

人格神の否定は、現代の知識人の間ではほとんどトリヴィアルと言って良いほどの「常識」となった。もっとも、一般の人々の間では、今日においても神の不在は常識になっているとまでは言えない。勢い、神の存在・不在を巡る議論は、「知識人」による「啓蒙」という色彩を帯びざるを得なくなってしまう。そのような構造が持ち込まれることは、人類の文化を先に進めるという実質的な意味においては、不幸なことかもしれない。

英国のオックスフォード大学の進化論学者、リチャード・ドーキンスは、その著書『神は妄想である――宗教との決別』の中で、宗教が今日の人間の文化の中で時に絶対的な価値を与えられることを批判した。ドーキンスは、「無神論」こそが、今日においてとるべき唯一の立場であると主張して、欧米を中心に大きな論議を呼んだ。

ドーキンスが宗教を批判する際の論拠は、経験主義や合理主義の立場から見ればきわめて妥当なものである。また実際、「無神論」の主張自体には、思想的に見て目新しいものはない。それでも、ドーキンスが情熱的に無神論を語るのは、尊敬するチャールズ・ダーウィンの精神を引き継ぐという思いもあるのかもしれない。

かつて、人間はより下等な動物から進化して来たという主張を含む「進化論」を明らかにするにあたって、ダーウィンは様々な配慮をしなければならなかった。時代が流れ、状況が変化したとはいえ、地球上の多くの場所で未だに宗教的タブーが存在することは事実である。その意味で、ドーキンスの試みは社会的な文脈では大きな意義を持つ。

その一方で、経験主義と合理主義に支えられた科学的世界観を採ったからといって、私たちが生きる上での困難が魂のレベルにおいて減ずるわけではない。科学技術によって支えられた現代文明は、同時に、人間はいつか必ず死ぬという事実をできるだけ隠蔽しようとする文明である。科学的合理主義者だって、死ぬのは嫌なはずだ。神などいないと断言する者も、やがて自分の人生の最後の瞬間が近づくにつれて、そこはかとなくやりきれない思いを抱く。

かつて、父親の膝にまとわりついていた幼い私は、どこに行ってしまったのか。目を輝かせて風の中を歩いていた若い学生は、いかなる虚空に消えたのか。そもそも、時間はなぜ経過しなければならないのか。「今」という特別な時間は、いかにしてあっという間に薄ぼんやりとした「過去」となってしまうのか。なぜ、全ての活き活きとした生命活動の痕跡はやがて移ろい去ってしまう運命なのか。

ニーチェが『ツァラトゥストラはかく語りき』の中で描いた喉の奥を蛇に嚙まれた男は、私たち一人ひとりの姿である。どんなに頑固な合理的科学人の喉にも、「不条理」という名の蛇は嚙みついている。それこそが私たちの「生命哲学」の核心でなければならない。

知識人が「啓蒙」することで社会の中に「正しい世界像」が広まることは、確かに一つの進歩ではある。しかし、それよりももっと「真水」の部分で、私たちは進歩を遂げなければならない。そうでなければ、悟性と情熱を秘めた存在として生きている甲斐がない。『ツァラトゥストラはかく語りき』の中で、喉に嚙みつかれた男はやがて蛇を嚙み切り、立ち上がって笑う。「超人」の誕生である。ニーチェその人は、この物語全体を従来のキリスト教的世界観へのアンチテーゼとして構想したのかもしれない。

しかし、ここには、明らかな「先祖返り」がある。異なる哀調の下での同じモティーフの繰り返しがある。生存の不条理をある見通しの下に乗りこえることを志向するという意味では、ニーチェの「超人」はキリストその人に通じている。

キリストは、「愛」という原理によって、当時の人々の存在の困難を乗りこえさせようとしたのだった。それまでとは異なるかたちで私たちの生の脈絡を引き受けようとし、結果として世俗の権力により断罪された人。キリストは、新約聖書のテクストに言う「新しき人」であった。私たちは、皆、キリストがもたらした人間像の革新の後の世の中に住んでいる。

人類は、絶滅しない限り、これからも立ち止まることなく進化を続けるはずだ。来るべき「新しき人」にとっての課題は、時代とともに更新され続ける。超新星のように、新しき人からは眩しい光が差し込む。新しき人は、未だ言葉にされていないことさえ夢見る。ニーチェの『ツァラトゥストラはかく語りき』における「超人」は、詩と論理が結合するニーチェの類い希なる魂からの「新しき人」更新の一つの試みであった。

私たちは、前に進まなければならない。それは、単なる啓蒙ではない。「新しき人」は生まれ続ける。次なる「新しき人」は「偶有性の森」の中から歩いてくるだろう。「偶有性の海」を泳いでくるだろう。そして、「新しき人」へと至る道筋を模索する者の内的体験においては、物質である脳から心が生み出されるという不可思議なミステリーの本性を考察するという営為が大きな意味を持つことになるだろう。

私たちは、真の意味での「野生」の思考を必要とするだろう。すでに踏み固められた道筋から遠く離れて、新しき人は歩まなければならない。

オレンジの街灯

最初に英国のケンブリッジに滞在したのは、今から十五年前。真冬の二ヶ月間だった。フランス出身の老婦人の家に下宿した。彼女は、持病のリュウマチについて、時々こぼしていた。私の前で「ケン、私の手の中には、釘や針が入っているみたいなの」と言いながら両手をもんでいた。

イギリスの冬は、日が短い。すぐに太陽が落ちて暗くなる。大学から老婦人の家まで歩く道すがら、広大な芝生を横切る所にくると、暗い空を背景に光っている街灯がなぜか目に入った。

それは、遠くにあるうちからもうすでに視界に入り、意識されていた。暗がりの中を、導かれるように一人でとぼとぼと歩いていく。彷徨の道程の中頃、柱の上に掲げられたその光を見上げる頃には、心はよほどその存在に占められていた。

ヨーロッパの街灯は、日本のそれとは異なり、淡いオレンジ色をしている。なぜ、私の心の中で、この街灯は今、このような質感を持つ存在として感じられているのだろう。なぜ、このように鮮やかに、オレンジ色が私の心を占めているのだろう。

私の胸の中で、同じ質問が何度となく繰り返された。そして、私は、決して答えに近づくことがなかった。私の精神は、何か、がっちりとした鋼鉄製の檻に閉じこめられでもしたかのように、身動きすることができなかったのである。

日々を積み重ねていくうちに、次第に闇が濃くなっていく。冬至の日。オレンジ色の街灯が、最も鮮烈に輝く時。

夕飯後、いつものように「私の手の中には、釘や針が入っているみたいなの」と言いながら両手をもみほぐした後で、老婦人は、ほっとしたように、「今日から日が少しずつ長くなっていくのよ」と言った。

自由意志、この不可解なもの

私たちを包む環境の中には、さまざまなものたちが所在する。心に浮かぶ質感だけをとっても、実に多様なものがある。冬の闇に輝くオレンジ色は、初夏の空の青さや、霜柱を踏んだ時の感触に連なる。何百、何千万の異なる質感が、私たちのよく知るところの「感覚宇宙」を構成している。

世界の中の多様性を称揚することは、私たちの精神にとってごく自然なことだ。その一方で、私たちは、それらのさまざまなものを貫く普遍的な原理を手にしなければならぬ。私たちの心の中に、かくも多くの質感をあふれさせるものは何か？　個別化の原理の下、一つひとつの質感に向き合うと同時に、それらの狂乱、乱舞が由来するところを知らねばならない。

私たちは、確かに、感覚の「エデンの園」の中にいる。それでいて、私たちは、智恵の実をまだうまく食べることができないでいるのだ。

感覚の多様性と並びたつ不可思議が、私たちが抱く未来への「志向性」である。人間にとって、自らの未来を選び取ることができるという「自由意志」の観念はあまりにも当たり前のものであるため、その存在を疑うことは難しい。哲学的な概念としての「自由意志」に精通していなくとも、ごく普通の生活感情として私たちは意志の自由とともにある。

自由意志が自分に与えられているという感覚なしに、私たちは健全な精神状態を保つことはできない。もし、「次の瞬間」に取る行動が、自分の意志に基づいて選択できるものではなく、あらかじめ決まっているとしたら。

「私の取る行動は、すでに決まっている！　どんなにあがいたとしても、絶対にそうなってしまう」

そのような精神状態に陥る人がいたとしたら、その人は「正気」を保つことがとても難しくなるだろう。ウィリアム・ジェームズの言う「意識の流れ」としての時間の基本的な属性として、私たちは自由意志を享受する。いや、引き受けなければならない。「選択ができる」ということは、潜在的に恐ろしいことである。しかし「一切選択ができない」ということは、もっと恐ろしい。恩恵と恐怖の汽水域にこそ、私たちの自由意志は存在する。

次の一瞬に何をしでかすかわかっていないからこそ、自分の意志に基づく選択を積み重ねていけば、私たちは慣れ親しんだ人生の道筋からいくらでも離れていけると考える。だからこそ、私たちは生きることができる。選択の可能性は、私たちの精神にとって不可欠な「偶有性」の空気そのものである。「一瞬先」を選び取る自由がなければ、私たちの精神は窒息してしまうのだ。

行動の「曼荼羅」は、感覚の「曼荼羅」に対抗する。人間は、その気になれば実に多様な選択をすることができる。それでも、私たちは、ついつい普段から親しみ、いわば「習慣化」した道筋ばかりをたどりがちである。本当は、私たちの人生の選択肢は無限に分かれていくことができるというのに。その分岐の喜びと恐怖を、日常の中で感受することが少ないからこそ、私たちは油断する。あるいは、何ものかから守られる。

日々積み重ねる選択を通して、私たちは、選び取った結果が指し示す者へと次第に変わっていく。私たちの選択には、必ずや自分の魂の真実が照射される。そして、自分の選択に向き合うことは時に耐え難い真実を直視することにもつながるのだ。「選び取ることができる」という私たちの確信の中には、突きつめれば私たちの正気を脅かしかねない、過酷な真実が潜んでもいる。

全ては文脈次第である。一九八二年公開のアメリカ映画『ソフィーの選択』における「選択」を包み込む文脈は恐ろしい。この作品で主人公のソフィーを演じたメリル・ストリープはアカデミー主演女優賞を得た。

第二次大戦中。ナチス・ドイツによってとらえられたポーランド人のソフィーは、男の子一人、女の子一人の二人の子どもと一緒にアウシュヴィッツに送られる。ソフィーの美しさに目をつけた若い将校が、ねちっこく絡む。

薄明かりに照らされた将校の顔は、一見やさしげでいて、その目は何かに酔ったような、質(たち)の悪い光を帯びている。

お前はあの唾棄すべき共産主義者ではないのか？　救世主としてのキリストを信じるのか？　信仰をめぐる会話の中で、将校は、悪魔の思いつきを口にする。

ソフィーは、二人の子どものうち、一人を選ばなければならない。男の子と女の子のうち、どちらか一人だけは助けてやる。もう一人は、「向こう側」に行かなければならない。

「私には選択することなどできない」

「お願いだから、選ばせないで」

ソフィーは懇願するが、将校は聞き入れない。「選ばなければ、二人とも失うだけのことだ」彼は嘯く。ソフィーは、泣きながら、そんな選択はできないと言い続ける。ついに、「二人とも連れていけ」と将校が宣告する。兵士が、二人の子どもをソフィーから奪おうとする。その瞬間、ソフィーはとっさに、「私の小さな女の子を連れて行って！」と叫ぶ。屈強な兵士の腕が伸びて、あっという間に女の子を奪いさる。泣き叫びながら「向こう側」に運ばれていく女の子。

ソフィーは選択をしてしまった。取り返しのつかないかたちで。それは、自らの姿を映し出す「鏡」のような選択だった。そのような「鏡」が存在すること自体、本来は許されないこと。しかし、運命のいたずらにより、ソフィーはそのような鏡の前に立ってしまった。鏡に映る自分の姿を見てしまった。

日常における選択は、もっと微温的なものである。仕事に着ていく服は何にするか。レンタルビデオ屋で借りる映画に何を選ぶか。ビールのつまみは何にするか。そのような細々とした選択もまた、私たちの本質と無関係ではない。しかし、私たちの魂を震撼させるのは、もっとのっぴきならない選択である。

それは、暗闇の中に一瞬光る稲妻のようなもの。その光がなければ見ることのなかった自分の姿を、私たちはかいま見る。とっさに、「私の小さな女の子を連れて行って！」と叫んでしまったソフィー。泣き叫びながら運び去られるわが子。自分の魂の「真実」を見てしまったソフィーの精神は、当然のように崩壊していく。

悪魔の選択を迫った将校は、ソフィーの肉体ではなく、精神を殺してしまった。その容易には救いがたい悪意。ナチス・ドイツの弁明のしようもない蛮行の象徴。しかし、そのような蛮行を原理的に可能にしたのは、私たちの「自由意志」。この不可解なもの。私たちは、天使の善意を積み重ねることができる。その一方で、悪魔の道を選択することもできるのだ。

ゲーテは、『ファウスト』の中で、「真実というものは恐ろしい姿をしているので、人間はそれを直視できない」と書いた。

この世の真実の中に潜む恐ろしいものの様相は、私たちの生命そのものの本質に関わっている。生命というものが人間に至る発展を遂げる中で、いつしか「自由意志」というものが進化していく。その本性をもし見てしまえば、もはや冷静ではいられない。真実を見つめようとすれば、本来的に狂気の中にしか生きのびる道筋は開かれてはいない。微温的日常を支えるのは狂気である。そのことを、「新しき人」は知っている。

決定論の脅威

そもそも、事実問題として、人間には未来の自分の何かを選択する「自由意志」は与えられているのだろうか？　それとも、「自由意志」とは畢竟、一つの「幻想」に過ぎないのだろうか。

かつて、西洋の神学、哲学の文脈においては、自由意志と神の関係が問題にされた。この宇宙を創造し、その中のものごとの進行をすべて司っている神がいるとすると、そのような「神」の存在と、人間が「自由意志」を持つという「仮説」は両立し難い。なぜならば、神は、遍在し、しかも万能であるはずだから。宇宙の至る所におけるものごとの進行に責任を持ち、意のままにできるはずだから。

アイザック・ニュートンによって万有引力の法則が発見された後は、「機械仕掛けの宇宙」を支配する自然法則が神にとって替わった。神は、たとえ存在したとしても、遍在する万能の神として人格をもって常に君臨するのではない。神は、たとえ存在したとしても、宇宙の創成という一回性の作為の後は、自然法則に従って宇宙の万物が発展するに任せる。その結果、たとえ「悪」が生じたとしても、「破滅」がもたらされたとしても、いちいち介入はしない。

現在私たちが住む宇宙は膨張しつつある。約百三十七億年前の「ビッグ・バン」と呼ばれる時空の特異点から一貫して、空間的スケールが増大してきた。もし、神が介在するとすれば、最初の「一撃」においてであり、その後は自然法則だけが支配する。いわば、自然法則が神の意志となる。いわゆる「理神論」である。

さらに進んで、現代の物理学は、「ビッグ・バン」以前の宇宙についても、その姿を描こうとしている。宇宙そのものが生まれたり、消滅したりするプロセスを、現在の宇宙を記述するのと同じ物理法則をもって、解明しようとしている。

現在の宇宙だけでなく、その「以前」や「以外」の宇宙にも同じ法則を外挿しようとするのは、確かに一種の論理的狂気である。しかし、現在の理論家は、無邪気なる蛮勇をもって、そのようなプログラムを遂行する。1の後に0が百以上並ぶような膨大な数の「真空」の可能性が取り沙汰される。そして、万物の中では、微細な「ひも」が踊り続ける。

宇宙の生成消滅までもが自然法則の支配下に置かれてしまったとしたら、神の介在の余地はますます小さくなる。もちろん、そこまで理論が進んだとしても、そのようなかたちで宇宙が誕生したり消滅したりする「舞台」としての「世界」そのものがどのように起源したのかという問題は残る。それを「神」と呼ぶかどうかにかかわらず、この精緻な宇宙を「設計」した主体は誰なのかという問いは立てられ続けても良い。

いずれにせよ、私たちが素朴に抱く「自由意志」の観念と自然法則との齟齬を導き出すのに、(人格)神の存在はもはや必要ではない。宇宙が現在私たちが知るような自然法則が支配する場所として創成されてしまった以上、私たちのロマンティックな「自由意志」への信仰はその居場所を脅かされる。

フランスの天文学者にして数学者ピエール＝シモン・ラプラスは、一八一四年に出版された『確率の哲学的試論』の導入部で、次のように書いた。

私たちは、宇宙の現在の状態を、過去の結果として、そして未来の原因としてとらえることができる。今、ある瞬間において、自然の変化をもたらす力と、自然を構成する全てのものの位置を知っている知性があったとしよう。もし、この知性がこれらの全てのデータを解析できるほど巨大なものであったとしたら、そのような知性は、宇宙の中の最も巨大な物体、そして極小の原子の運動をも、一つの方程式の下にとらえることになるだろう。このような知性にとっては、不確実なことは何もない。宇宙の未来は、過去と同じように、あたかも目の前に存在するかのように『お見通し』になるだろう。

その後、ラプラスが仮想した宇宙の過去から未来までを全て把握している知性は、「ラプラスの魔」という名前で呼ばれるようになった。

因果的決定論を代表する印象的なシンボルの誕生である。

分裂する世界

私たちの意識の持つ様々な属性のうち、「自由意志」は、「因果的決定論」と明らかに両立し得ないもののように見える。

はたして宇宙の未来は決まっているのかどうか。因果的決定論の本質を巡る議論は、私たちの「自由意志」の帰結にとって重大な意味を持つ。もし「ラプラスの魔」のように宇宙の未来を予測することが可能であるとすれば、私たちの「自由意志」は完全な幻想ということになる。もし幻想だとすると、いかにしてそのような幻想を持つに至ったかが問題となる。

現代における「因果的決定論」のあり方は、ニュートンの時代とは異なり、はるかに複雑な様相を呈している。古典力学の方程式で記述されるシステムにおいても、「ラプラスの魔」のような形での未来予測が可能だとは限らない。ある時点での宇宙の中の物質の「初期状態」にもし少しでも差があると、時間の経過とともにその差は拡大し、結果として全く違った状態へと変化してしまう。いわゆる「カオス」と呼ばれる現象である。

「カオス」とは別の意味での、因果的決定論の限界もある。原子のようなミクロの世界を記述する量子力学の法則においては、たとえ現在の状態が一意に決まっても、未来の状態は一つには定まらない。電子が二つのスリット（隙間）が開いたスクリーンに向かって運動する時、どちらを通過するのかを確実に予言することはできない。量子力学の法則が与えるのは、電子がそれぞれのスリットを通過する「確率」のみである。

たくさんの電子の「アンサンブル」（集合体）をとってくれれば、どれくらいの数の電子が二つのスリットを通過するのかは厳密に予言することができる。一方、ある特定の電子がどちらのスリットを通るのかということは、あらかじめ確実に決定することはできない。量子力学の法則は、たとえそこに決定論的な世界観を読み取るにしても、あくまでも「確率的決定論」に過ぎないのである。

また、量子力学においては、あるシステムの現在における状態を正確に把握し尽くすことはできない。たとえば、電子の位置とその運動量を同時に正確には測定できないというように、「不確定性原理」と呼ばれる曖昧さを避けることができない。

二つのスリットの実験において、電子の位置は曖昧である。一つの電子という粒子が、広がりのある「波」となって同時に両方のスリットを通過しているとも言える。実際、二つのスリットを通過する「波」の間の干渉を考慮すると、電子がどの場所にいるかという確率をきわめて正確に計算することができる。

電子は、それがどこにあるのかという「観測」を行うまでは、二つのスリットの「両方」に存在する。どこにあるかはっきりさせるための「観測」を行うと、その瞬間、二つのスリットのどちらかを通過したということが確定する。あたかも、「観測」することが、電子を表す「波」(波動関数)を一瞬にして「収縮」させてしまったかのようである。しかし、この「波動関数の収縮」がどのようにして起こるのか、その詳細は明らかではない。

量子力学の描く世界観はあまりにも不可思議なものであって、人類は未だその本質を理解しているとは言い難い。量子電気力学における貢献によって朝永振一郎、ジュリアン・シュウィンガーとともに一九六五年にノーベル物理学賞を受けたアメリカの物理学者リチャード・ファインマンは、かつて「私は自信を持って、量子力学を理解している者など一人もいないと断言できる」と書いた。

量子力学の世界観は、一体何を意味しているのか？　それを読み解く一つの試みが、「エヴェレットの多世界解釈」と呼ばれるものである。「観測」を行う度に、宇宙はさまざまな世界に分裂する。電子が一つのスリットを通った世界と、もう一つのスリットを通った世界へと分裂する。

宇宙の中にある物質を構成している電子や陽子、中性子、さらにそれよりも小さな素粒子は数限りなくある。それらの粒子の運動の結果に複数の可能性があるとするならば、「観測」される度に世界はそれだけの数に分裂する。

「多世界解釈」の下での世界の分裂は、通常の意味での「多様性」や「豊饒」といった、生やさしいものではない。この宇宙を構成している全ての素粒子が、複数の選択肢がある際に、その全てを取り得る。そして、その全てが取られた数だけ、世界が分裂して行く。かつて仏教で構想された曼荼羅のような世界。ヒンズー教における「何十億年」という単位の時間観念。10^{68}を示すという無量大数。どれほど日常の感覚と離れた「大きな数」でも、量子力学の多世界解釈が内包する巨大数に比べれば、ものの数ではない。

現代的文脈において、因果的決定論はすっかり変質している。

認知的閉鎖

イギリスに滞在した最初の冬、芝生の中を歩きながら街灯を見上げていた私は、そのオレンジ色の光に心を奪われて、一歩も先に向かうことができなかった。

私の心の中で感じられているオレンジ色の光は、確かに、外の街灯から発せられた電磁波が私の眼球を通り、網膜の神経細胞を興奮させて、やがて私の脳の視覚野の神経ネットワークに達することによって生み出されているのであろう。

それにしても、私には、なぜ、その光がオレンジ色であるということがわかるのか？私の意識は、頭蓋骨の中の脳によって生み出されているはずだ。その脳の活動によって、どうして、外にある街灯の色がオレンジであるということがわかるのか。当時は、まだ、その問題を「クオリア」という名で呼ぶ準備はできていなかった。

ケンブリッジで冬を過ごし、日本に帰国してからしばらく経ってのことだった。研究所からの帰り、電車の連結部の所に立ってノートをつけている時に、「ガタンゴトン」という電車の騒音が突然生々しい質感として心に印象づけられた。音を周波数のスペクトラムで分析する通常のやり方ではその鮮烈な質感に決して到達できない。いかなる数量的な方法でも、その質感の本質をきわめることはできないと気付いた。自分の心を占めていた問題に、「クオリア」という名前がついた瞬間である。

クオリアの問題は、今日において、心と脳の関係を考える上で最も重要な課題であると見なされている。重要な課題であるのに、どうすることもできない。マイアミ大学の哲学者コリン・マッギンは、人間の知性にはクオリアを始めとする心脳問題は原理的に解決できないのだと主張する。私たちは、クオリアの本性を知り得ない「認知的閉鎖」の中に投げ込まれているというのである。

思考することもまた一つの「行為」である。何よりも、それは神経細胞の一連の「運動」である。クオリアの問題を前に身動きができない感じは、あたかも、自分がこれから何をするのかがあらかじめ決まっていて、自由に選択する余地がない状況に似ている。

コリン・マッギンの主張する「認知的閉鎖」は、クオリアの問題を解明する際に必要な神経細胞の運動が、そもそもこの宇宙においては可能性として与えられていないということを意味する。マッギンが正しいかどうかはわからない。いずれにせよ、自分の精神性の起源がわからないという状況が、私たちの意識の流れを息苦しいものにしていることだけは間違いない。クオリアは、私たちの喉の奥に嚙みついている蛇である。あるいは、私たちを何ものかから守っているのかもしれない。

素朴な決定論は、自由意志と相容れない。それでは、現代的な決定論は、自由意志の観念と両立するのか？　多世界解釈で言えば、ソフィーの世界は無限に分裂している。二人の子どものもう一方を「選んだ」世界もある。そもそも、質の悪いナチスの将校に出会わなかった世界もある。アウシュヴィッツに送られなかった世界もある。ヒトラーが政権を取らなかった世界もある。そもそも、ソフィー自身が生まれてこなかった世界もある。

無限に分裂していく世界のうち、どれに産み落とされ、どの中で生きていくかということは、私たちの魂の平安に重大な影響を与える差異である。しかし、物理学の法則はそれを区別しない。少なくとも、古典力学におけるカオスや、量子力学における不確実性と向き合っている限り、世界は私たちの幸不幸に関心を持たない。

ただ、クオリアを生み出す私たちの精神性だけが、『ソフィーの選択』をその中に含む多世界への分裂の帰結によってあるいは脅かされ、あるいは祝福される。

心の中に感じられるクオリアの中にうごめくものと、自由意志という幻想の中に潜むものは、どうやら似たような気配をもって、私という存在に感じられている。来るべき「新しき人」は、その両方に共通する生命の脈絡に通じていなければならない。その調べは、「偶有性の海」から寄せる波の中に、あるいは「偶有性の森」をわたる風の中に、かすかに聞こえ始めている。

かつて、アイザック・ニュートンは、自分自身を真理という未知の大海の前できれいな貝殻をひろって遊ぶ子どものようなものだと語った。かの天才がその無意識の中に、今日私たちがクオリアや自由意志といった概念を通して議論している問題群を予感していたということを、私はほとんど確信する。

第四章　偶有性の運動学

統計的真理と偶有性

現代の科学に残された最大の謎であるクオリアに満ちた意識の起源。このミステリーと、私たちの生命の本質は関連しているはずだ。そのような直感が、「偶有性」の考察へと導く。「偶有性」こそが、意識の、そしてまた生命の本質なのである。

「偶有性」には、大きく二つの含意がある。第一に、「規則的なこと」と「乱雑なこと」が混じり合っている状態。いわば、秩序とランダムさの「汽水域」。第二に、議論の対象となっている事物、とりわけ「私」が、「今、ここ」の状態とは全く異なる状態にもなり得たということを表象すること。偶有性の持つこれらの側面が、私たちの生命の、そして意識の本質とかかわってくる。

偶有性の問題を考える際に直面する原理的な困難は、それが、「統計的描像」では扱い切れないということにある。科学は、複雑な現象について、たくさんの事象を集めてそれらの統計的な平均のふるまいを記述するという「統計的真理」を探索することで進歩してきた。

科学論文に掲載されるデータは、それらが「統計的に有意」な差を示す時にのみ、結論に至る議論に有効な貢献をすると見なされる。たとえば、ある属性について男性と女性の間に「統計的に有意」な差があるかどうかということが、男女の性差の議論に光を当てるといったように。統計的有意性という概念を理解することは、科学的マインドの最も基礎的な条件であり、メディアを賑わせる多くの疑似科学的論説に惑わされないリテラシーを構築する上で大いに資するところがあるだろう。

しかし、個々の事象ではなく、それらを集めた「アンサンブル」の性質を議論するアプローチでは、「偶有性」を扱うことはできない。ここに、従来の科学的方法論の限界がある。統計的アプローチでは、秩序ある要素に対してランダムな要素は、法則に対する例外としての「ノイズ」となる。一方、「偶有性」を考える上では、例外的な事象は秩序に対してそれを揺るがす要因ではなく、むしろ秩序に寄り添い、将来的には取り込まれ、一体化する因子とならねばならない。

脳は、世界の中に潜在する「規則性」を理解しようとする。環境の中で生きる上で適応的だからである。しかしその学習のプロセスにおいては、偶有性が本質的である。とりわけ、例外的な事象を、すでに秩序化された事柄に関連づけて、いわば「寄り添わせて」理解するプロセスの中に、偶有性がいきいきと立ち上がる。

今までの世界観と全く無縁というわけではない。しかし、従前通りというわけでもない。

今までの知識から「予想」されることと無縁ではなく、しかし単純な延長でもない。そのような絶妙なる「接続」の領域こそが、「偶有性」が意味を持つ場所なのである。

「相対性理論」をつくったアインシュタインは、「感動するのをやめた人は、生きていないのと同じである」という言葉を残した。アインシュタインは、「感動」という概念は、同じことの繰り返しを前提にしたものではない。アインシュタインにおける「感動」という概念の下にさらすこと。今まで気付いていなかった真理に瞠目すること。そのような「一回性」の中に、生命が躍動する。

「ああ、そうか」という世界認識の差分こそが、「感動」の源泉となる。そこには、一つの運動がある。アインシュタインの「感動」とは、認識における一つの「革命」に他ならない。何も国家の転覆を伴うものだけが革命ではない。一人の脳髄の小世界の中でも、革命の鐘は鳴り響くことができるのだ。

運動において、秩序とランダムさの関係を考えること。ここに、偶有性が意識と生命の問題において持つ積極的な意義がある。偶有性とは、畢竟、有機体が成長しながら世界とわたりあう際の運動の形式に過ぎない。未だ解明されていないそのプロセスの果実として、生命があり、意識がある。

意識自体が、一つの運動である。世界の認識という、通常は「受動」と考えられがちな位相においても、やはり一つの積極的運動が顕れる。外から刺激が入ると、脳の神経細胞は活動する。その活動にともなって、意識表象が生まれる。宇宙の森羅万象に呼応するクオリアが生起する。禅僧が瞑想するといった一見静かな状態においても、運動は持続しているのだ。

不断の運動の中に、いかに秩序とランダムさが有機的に「撚(よ)り合わされているか」を見て取ること。この「偶有性の運動学」の中に、心脳問題の、そして生命の起源問題の解決へ向けた希望がある。

運動の位相

そもそも、近代科学の萌芽となったのは、「運動」に対する思想的アプローチであった。ガリレオ・ガリレイは、ピサの斜塔から二つの物体を落下させて、両者が同じように運動するということを示した。アイザック・ニュートンは、運動の法則と、万有引力の法則を提唱し、天体から地上の物体まで、万物が運動する際の規則性を明らかにしようとした。

ガリレオやニュートンが明らかにしたような運動の法則は、今日に至るまで科学的方法論の根幹をなしている。運動というメタファーは、たとえそれが明示的に物体の運動を扱わない場合でも、理論や計算の前提となっている。変数の初期値が与えられ、ある運動方程式に従って変化して行く様子をシミュレーションする。株式市況から気候変動まで、さまざまな問題を計算する「前提」となる世界観は、「運動」の概念にその根拠を置いている。

科学的理解を支える概念装置としての「運動」は、一見盤石な基礎を持っているようであるが、実際には幾つかの原理的困難を内包してもいる。それらの困難は、通常の意味での運動を考察する限りにおいては露わにならないが、意識や生命の問題に関連して「偶有性の運動学」を考察する際には、容易には乗りこえがたい壁となる。

第一に、「運動」ということを考える際に前提となる時間及び空間といった概念の「起源問題」がある。何ものかが運動する時には、背景となる時間や空間がなければならない。デカルト的な意味で言えば「座標」として記述されるこれらの背景概念が、どのような存在論的及び認識論的根拠を持つのか。このきわめて基本的な懐疑こそが、アインシュタインをして「相対性理論」の革命へと導いた根本的な視点であった。

相対性理論、なかんずく一般相対性理論においては、重力の問題が時空の幾何学と統一的に結びつけられて巧みに議論され、ブラックホールを始めとするような事象をも含めた自然学が一応の完成を見ているようにも思われる。

しかし、アインシュタイン自身が、相対論の時空構造が「今」の特別さを説明できないと認めているように、宇宙の中の事象のすべてを四次元の時空の中にマップしてしまう相対性理論のやり方ではとらえ切れていない自然の位相がある。その問題群の中に、「偶有性の運動学」も含まれている。

相対性理論における自然観とは、いわば、宇宙の全歴史が最初から四次元時空の中に「パターンとして存在している」というような描像にすぎない。一方、私たちの意識や生命を特徴付ける「偶有性」の時空において問題になるのは、まさに、「今」の特別さに寄り添った現象学である。「今」から、「少し先の未来」への「命がけの飛躍」の性質こそが問題になるのだ。「時間が過ぎてしまうこと」の驚異をいかに説明するのか？　偶有性の自然誌における時間概念は、勢い、相対性理論のそれを超えた何ものかを志向せざるを得ない。

運動概念が内包する困難の第二は、関係性の問題である。私たちは通常ある特定のもの（「個物」）の運動を考える。しかし、世の中のさまざまなものは、実際には相対的な関係性の中にある。運動するということは、個物が他の個物に対する関係を変化させることである。

運動という概念自体に、関係性が必然的なかたちで含まれている。そして、多くの個物が一斉に運動する時には、個々の座標を記述するパラメータだけではなく、それらの間の関係性もまた変化しているはずである。このような「関係性を通した運動」の中にこそ、意識の起源や生命の成り立ちの本質についての問題を解くための未発見の概念装置が潜んでいる。

今のところ科学がうまく扱えているのは、あたかも全ての質量が「点」として存在しているかのように扱える単純な物体の運動だけである。意識や生命現象のように、関係性が複雑に絡み合って変化していく偶有性の運動学は、まだ発展の緒についたばかりだ。

質点の運動を離れて、自然界における生命体の運動や、私たち自身の生の軌跡を考えた時、そこに見いだされる多様性の豊饒を、どのように扱ったら良いのか。

自分自身の生の軌跡を振り返った時、人生の豊かさとは、静止したパターンとしてのそれではなく、まさに一つの運動学の中に理解されるべきものだと了解される。たとえ、世界が多様性の豊饒に充ち満ちていても、それらを経巡る運動が用意されていなければ、顕在化させることはできない。

「早く歩けば、それだけ多くのものを見ることができる」

青年時代に読んだインドネシアの民話に、夜のジャングルで独白する男の話が出てきた。ジャングルは、さまざまな生きものたちの気配に満ちた場所である。森が存続してきた時間に比例して、生物的多様性も増していく。一つの種類の樹の近くには、同じ種類が生えない。異なる種が寄り添い、絡み、せめぎ合い、密集して繁殖する。

ジャングルが人生のメタファーだとすれば、私たちもまた、より「多くのものを見る」ことができれば良いと願う。問題は、「早く歩けば」ということが、単純な質点の運動とは異なり、スピードが早ければ、という意味ではないことである。

「早い」「遅い」といった運動の質を、「偶有性の運動学」の文脈においてとらえれば、そこには、そもそも意識や生命における「運動」の実質は何かという、とてつもない難問が姿を顕すのだ。

偶有性の守り神

私たちが意識の中で表象するものもまた、神経細胞のネットワークの変化という「運動学」に属することである。心の中に顕れる形式としては、あたかも静止した結晶的表情を見せるクオリアもまた、神経ネットワークの運動学に属する。

神経細胞の運動は、さまざまな不規則性に満ちている。もし、通常の「秩序」対「非秩序」の概念枠組みを採用してこれらの不規則性を評価するならば、ノイズということになるのだろう。実際、シャノンの情報理論に基づいて神経活動による情報表現を扱う現在の標準理論は、不規則性をノイズとして扱う以外の処方箋を知らない。

意識をその部分集合として含む生命の運動学は、不規則性を偶有性として有機的に統合するはずである。生命の運動は、規則性と不規則性の間の豊かな消息に満ちている。生命は、静止した結晶構造としてこの世界に存在するのではない。生命を理解するということは、すなわち、その偶有性の運動原理を解き明かすということである。

生命の運動原理に慣れ親しむ一つの方法は、自らの心の中で生起するさまざまな表象をメタ認知（註　自分自身の思考や行動を客観的に認識すること）することである。自分の意識や無意識が、いかに不随意な変化や推移に満ちているか。そのことをじっくりと観察すれば、脳髄の中に顕れる生命の躍動の一端を知ることができるだろう。

生きものの実際の動きを、じっくりと観察するのもまた一つの方法である。野外で、さまざまな生物種の行動を観察する。動物行動学は、意識の表象学から一見遠いように見えて、生命の活動にともなう偶有性の運動学を扱っているという点において通底している。

子どもの頃、夢中になって蝶を追いかけていた。他にも昆虫はたくさん種類があるのに、なぜか蝶に心を惹かれた。それが何故なのか、子どもの頃は意識したことがなかったし、大人になっても、確かにそうだとわかったわけではない。

もちろん、蝶は見た目が奇麗だということもある。標本にしても見映えがする。それでも、昆虫界の中で蝶の魅力は絶対的なものであるというわけではない。本当はどちらにも転ぶことができるのに、最初に生じたごくわずかな差異が拡大してバランスが崩れていく、「対称性の自発的破れ」ということもあるかもしれない。私はカミキリムシでもトンボでも好きになれたのに、「対称性の自発的破れ」によって蝶が好きになったのだ。

しかし、本当のことを言えば、私を惹き付けたのは蝶たちの飛翔の様子だったのかもしれない。偶有性の運動学に興味を持つ今、振り返ればそのように思われる。飛ぶということは、何とすばらしいことなのだろう。蝶たちの飛翔には、時に私たちに自分の存在を卑小にさえ感じさせる何ものかがあるのだ。

関東地方では、晩夏から秋にかけて姿を見せ、次第に数を増すウラギンシジミ。銀色に輝きながら力強く飛ぶその姿を、たとえそれとは知らずとも目にしたことがある人は多いはずだ。

ウラギンシジミが飛ぶ姿は、私たち地上に縛られた者に比べて余りにも優雅である。秋の昼下がり、少し色付いた木の梢をチラチラと飛んでいるその印象は、幼い頃から私をいつもあこがれと嫉妬で満たした。

あんなふうに、空気そのものから析出したような風情を漂わせて、天翔(あまかけ)ることができたらどんなにか良かろう。たとえ、その一生が小さな脳髄をよぎる影のようなものに過ぎなくとも、自らの意志で広い大空のどこまでも飛んでいくことができたら、実に素敵だろう。

そう。「自らの意志で」。

はたして、アインシュタインの相対性理論が解き明かしたように、精密な因果的法則に従って進行しているはずのこの宇宙の中に「自由意志」があるのかどうかということは、偶有性の運動学を考える上で最も重要なテーマの一つである。私たちは、繰り返し、その地点に立ち返っていくことになるだろう。

運動とは、物理学的に言えば、空間を移動していくことであり、運動の大きさは、空間的変位を時間で「微分」した速度で測られる。運動の結果も、その目的も、空間的移動で評価するのは、とりあえずは自然な発想だろう。

「渡り」をする蝶として、日本ではアサギマダラが有名である。南西諸島や台湾で繁殖した個体が、毎年日本本土まで飛んでいく。北アメリカのオオカバマダラは、メキシコなどで繁殖して、夏にかけてアメリカ中部まで移動していく。これらの種は、空間を移動するという意味での「運動」の志向性を、まさに純粋なかたちで実現している。

もっとも、移動することだけが、運動の目的であり、果実であるわけではない。生きるということの現場に立ち現れる「偶有性の運動学」は、より複雑で奥行きのある位相を見せる。時には、回り道をしたり、逡巡したりするように見える時にこそ、運動の中に潜在する偶有性はより強度なものとなるのだ。

アサギマダラやオオカバマダラが大移動をする理由は十分には解明されていない。幼虫の食草が枯渇してしまうことを避けるのが目的だという説もある。生体の運動は、「生きる」という目的に資するもの、少なくとも中立的であるものでなければ進化の過程で残ることはできなかったろう。

しかし、偶有性の運動学は奥深い。よどみのような運動こそが、不思議な生態系の回路を通って適応的だということもあり得るのだ。アインシュタインは、学生の頃、指導教授から「怠け者」と思われていた。「ここ」から「あそこ」まで、最短時間で到達することだけが生の効率ではない。

　学生時代とは、何ものかを探索することの象徴である。たとえ、学校を卒業して身分的には「学生」ではなくなっても、模索を続ける限り、人は「偶有性の運動学」の中で「学生」であり続ける。


　翌日学校へ出ると講義は例によってつまらないが、室内の空気は依然として俗を離れているので、午後三時までの間に、すっかり第二の世界の人となり終せて、さも偉人の様な態度を以て、追分(おいわけ)の交番の前まで来ると、ばったり与次郎に出逢(おお)った。

「アハハハ。アハハハ」

　偉人の態度はこれが為に全く崩れた。交番の巡査さえ薄笑いをしている。

「なんだ」

「なんだも無いものだ。もう少し普通の人間らしく歩くがいい。まるで浪漫的(ロマンチツク)アイロニーだ」

　三四郎にはこの洋語の意味がよく分からなかった。仕方がないから、

「家(いえ)はあったか」と聞いた。

「その事で今君の所へ行ったんだ――明日愈(いよいよ)引越す。手伝に来てくれ」

「何処(どこ)へ越す」

「西片町(にしかたまち)十番地への三号。九時までに向うへ行って掃除をしてね。待っててくれ。あとから行くから。いいか、九時までだぜ。への三号だよ。失敬」

与次郎は急いで行(ゆ)き過ぎた。三四郎も急いで下宿へ帰った。その晩取って返して、図書館で浪漫的(ロマンチック)アイロニーと云う句を調べてみたら、独逸(ドイツ)のシュレーゲルが唱え出した言葉で、何でも天才と云うものは、目的も努力もなく、終日ぶらぶらぶら付いていなくっては駄目だと云う説だと書いてあった。三四郎は漸く安心して、下宿へ帰って、すぐ寐た。(夏目漱石『三四郎』新潮文庫、以下同)

学生の時の、何をするわけでもない時間の流れ。取るに足らない会話。しかし、そのようなやり取りの中でこそ、私たちの精神の何ものかが鍛えられる。三文小説の会話は、ただ筋を進めるためだけに貢献する。「ロマンチック・アイロニー」がなければ、人生も文学も深まらない。三四郎と与次郎の会話のような、よどみと飛躍の静寂の中に、私たちは青春を費やす。そして、人生というものは、最後の息を引き取るその瞬間まで、できることならば青春であって欲しい。それは、近い将来において、「偶有性の運動学」の厳密なる理論的実践ともなるはずだ。

「コミスジ」という名の蝶がいる。タテハチョウ科の蝶で、クズやフジを食草とする。スイー、スィーと独特のリズムで優雅に飛ぶ。何回か羽ばたいては、そのまま羽を開いて滑空するということを繰り返すのである。

関東では、少し近郊に出ればごくありふれた種で、子どもの頃から慣れ親しんでいた。蝶屋とは因果なもので、地味な普通種であるコミスジなどに興味を持たない。ところが、二〇〇八年の夏休みにコスタリカに行って以来、どういうわけか、気になって仕方がなくなった。

コスタリカといえば、熱帯雨林を舞台にしたエコツーリズムで有名な中米の国。豊かな自然の中でたくさんの蝶を見たはずなのに、コミスジのような飛び方をする蝶が一つもなかったということもあるのかもしれない。とにかく、標本にしてしまえば白と黒のごくごく地味な蝶なのに、飛翔のパターンが優雅で、その分「美人度」が増しているように感じられた。

家の近くの森を走っている時など、たまたま出会ったコミスジの飛翔に思わず立ち止まって見とれてしまう。ある時、都会の真ん中で、地下鉄の入り口のあたりを飛んでいるのを見かけた時は切なくなった。こんな汚れた人間たちの領域にいるべき蝶ではないような気がしたのである。

コミスジの飛行のパターンが素敵に見えるのは、その姿がまるで飛翔の意志というものを否定しているかのようだからだ。そのありさまが奥ゆかしく、心を動かす。

子どもの頃、「スキップ」の仕方を覚えて、うれしくて家までスキップしながら帰った時のことを思い出す。先に進むという意味では効率が悪くて仕方がなかったが、胸をあやしくざわめかせる、あの感触の中にこそ、偶有性の風はあったのだろう。

スィースィーと飛ぶコミスジこそは、まさにロマンチック・アイロニーの化身であり、怠け者のアインシュタインである。「偶有性の運動学」の探求者たらんと欲する人は、すべからくコミスジを守り神とすべきである。

蝶道

コミスジが優雅に見える飛び方をする背景には、もちろん、彼らの生ののっぴきならない事情がある。

私たち人間を含め、生物の運動には、必ず背後に事情がある。生物は環境の中で動きながら、食物を得て、敵から逃れようとし、そして異性を探す。異性を優先的に探す目的のためにテリトリーをつくる者もいる。どのような戦略が最適なのか、そう簡単にわかるものではない。ある程度わかったとしても、必ず不確定要素は残る。

環境の中でどのように移動するか。どの場所に、どれくらいの時間滞在するか。このような戦略においてはさまざまな可能性があり得る。その無限の空間の中からどのような「偶有性の運動」が選択されるのか。そのことによって生の運命は分岐し、歴史は変わっていく。

子どもの頃、家の近所の神社で蝶を採っていて、一部の種には飛行する決まったルートがあるのだということに気付いた。

神社の本殿から少し入ったほの暗い脇道で、私はネットを手に待ちかまえていた。私を包んでいた森の濃密な気配が忘れられない。その気配に背中を押されるようにして、辛抱強く蝶を待ち続けた。

木立の間をクロアゲハが飛んでくる。思い切って網を振り回す。届かない。逃走する。しまった、逃したと落胆していると、しばらく経って、またさっきと同じルートを通って、クロアゲハがやってくる。

蝶が飛ぶそのようなルートを、「蝶道」と呼ぶのだと後から知った。卵を産み付ける食草のある所、エネルギー補給に適した花の咲いている場所、そして、異性との出会いが期待できるエリア。そのような生きることに資する領域をつないで飛んでいくのである。

もちろん、毎回厳密に同じところを飛ぶわけではない。ある程度の傾向は決まっているが、前にはこの木とこの木の間を通ってきたのに、今度は別の木の間を通ってくるというような「ふらつき」はある。その微妙な「ずれ」が、生きているということの本質に関わってくる。

太陽が移動し、日が差す角度が変わってくれば、蝶道も変化する。規則性と不規則性が絡み合う。偶有性とのたわむれ。そのような蝶のふるまいを眺めていた幼少の時代を振り返ると、あの時感じていた不思議な感触と基本的に同じ何ものかを、今になって意識や生命の問題を考える時に受け止めているのだと感じる。

問題は、何度やっても同じ答えが出るデジタル・コンピュータのような計算によって解決されるのではない。むしろそのような意味において、偶有性は不安定で頼りないのである。しかし、だからこそ、生命らしさが顕れるのである。

私たちの生の軌跡もまた、蝶道のようなものではないか。歳月を重ねるうちに、自分なりのマンネリズムのようなものが出現してくる。人生の分かれ道に際してどのように振る舞うのか、その際の癖のようなものもわかってくる。

揺れながら、引き込まれ、収束しそうでしない。そんな私たちの生命の軌跡を振り返ってみると、本質的な様相は、幼い日に神社の森で出会った蝶たちと変わりはしないと思う。そこでは、偶然と必然が一つの運動学の中に撚り合わされているのだ。

歴史に至る運動学

水の中をブラウン運動しながら生きる単細胞生物から、高度な文明を発達させた人間まで。生きるということは、肝心なところでは変わってはいない。その普遍的な性質のど真ん中に、「偶有性」がある。

単細胞生物も、高度な社会生活を営む人間も、生命現象として統一的な原理の下に理解する。そのような知的探索のプログラムは必ず実行可能なはずである。

それぞれの時代の中で、どのような生き方を選択するかということは実に難しい。しばらく前までの日本のように、明日の生活を脅やかすような火急の問題がない時でさえ、生きるということは難しい。

ましてや、歴史の歯車が大きく動くような時代において、荒れ狂う偶有性の嵐をいかに切り抜けるのか、いくら考えてもそう簡単には答えが出るようなことではない。

一七八九年のバスティーユ牢獄の襲撃から始まったフランス革命。ジャン＝ジャック・ルソーの『社会契約論』の思想に影響されて起こった劇的な社会体制の変化は、「自由・平等・友愛」といった現代の民主主義社会につながる理念を確立したと後世からは評価される。

フランス革命は、他方で個人の力ではどうすることもできない偶有性の嵐が荒れ狂った時期でもあった。理想の実現という単一の原理ではその力学が説明し切れない、波乱と激動の時代。革命の立役者の一人ロベスピエールは、かつては君主として尊敬していたルイ十六世を断頭台へと送り、反対派を次々と粛清する恐怖政治を行った。やがて、ロベスピエール自身がギロチンの露と消えることとなる。

人々の上に立つ絶対権力者を否定することで始まったはずのフランス革命は、ナポレオンを皇帝として仰ぐ第一帝政を経て、復古王政、七月王政、第二共和政、第二帝政を経て、最終的な「落ち着き先」としての「第三共和政」（一八七〇年〜一九四〇年）にたどり着くまでに、実に八十年以上の歳月を要する。「アンシャン・レジーム」が倒され、民主主義の理想が実現されるまでの過程は、決して平坦なものではなかったのである。

ヘーゲルの歴史哲学に従えば、人間の歴史とは「自由」や「個人の尊重」という理想が実現されていくプロセスのはずである。フランス革命が近代におけるそのような動きの嚆矢であるとしても、「絶対精神の自己実現」は容易なことではなかった。うねり、くねり、容易にその先行きが制御できなかった。歴史は、全ての生命現象がそうであるように、「こうなるべき」という規則性と、「どうなるかわからない」という不規則性がない交ぜになって進行する「偶有性の運動学」の現場なのである。

そもそも、歴史の進行には、「必ずこうならなければならない」という唯一の答えはない。「太陽王」と呼ばれたルイ十四世の時代に絶頂期を迎え、永遠に続くかと思われたブルボン朝の絶対王政は、なぜフランス革命という悲劇的な終末を迎えなければならなかったのか？　同じように君主制の伝統を持ちながらも、それを温存して近代的な民主主義への道を歩んだイギリスとの差は何に起因するのか？　ここには、歴史における予想できること（規則性）と予想できないこと（不規則性）の間の関係を問う「偶有性の運動学」が関与している。

ヘーゲルの言うように、人類の歴史は長い目で見れば絶対精神がその理想を実現するプロセスかも知れない。しかし、個々の事例を考えれば、その帰趨は普遍的な法則では記述できない。なぜ、マリー・アントワネットはギロチンにかけられなければならなかったのか？「自由・平等・友愛」のため？ その「必然」を解き明かすことは困難である。

一方には、剛体の運動や天体の運行のように、厳密な運動方程式で書けるかのように見える現象がある。他方では歴史のように偶然に支配されているように見える事象がある。同じ宇宙で生じている「自然現象」として、これらの二つは、原理的に無関係であるはずがない。それらを一つの原理でつなぐことが、意識や生命現象を対象とする科学の究極の課題でなければならない。

歴史という巨視的な社会的相互作用のダイナミクスを自然現象一般に結びつける。その橋渡しの役割を担うのが、「意識」である。意識は、あくまでも「プライベートな体験」であり、歴史のような公共的領域の事象とは関係が薄いようにも見える。しかし、意識の機能的役割を突きつめていくと、そこには社会的な意義が色濃く表れる。

意識とは、脳の中に立ち現れる「私」という主体が、脳の中で起こっていることを把握する「メタ認知」の形式である。前頭前野を中心とする「私」という主体性のネットワークが、後頭葉を中心とする感覚野の神経細胞の活動内容を把握する。そのことによって、外界の状況を認識し、適切な判断や行動に結びつける。この際に手がかりになるのが「私」によって感じられる「クオリア」である。

自分自身の脳活動を把握することによって、他人に対しても、自分が認識していることを伝えることができる。言語を通して、自らの内観を他者と共有することができる。そのようにして、知識や体験が主観性の壁を超えて社会に広がっていく。

現代の脳科学は、「社会的ネットワーク」を通した脳の相互作用の研究へと急速に傾斜し始めている。他人のために何かをするという「利他性」の起源が議論され、協調行動を生むネットワーク構造の特性が明らかにされつつある。また、その際に機能する、他人と自分を鏡のように映し合う「ミラーニューロン」を中心とする自他を結ぶ前頭葉の回路の性質も徐々に解き明かされつつある。

フランス革命のような複雑で巨大な社会現象も、その基本的な性質については脳科学の文脈でモデル化され、議論される時代が来るかもしれない。その時には、クオリアの私秘的体験から革命のようなマクロな事象まで、私たち人間の精神運動がスケールを超えて「串刺し」されることになるだろう。

生命現象の本質は、過酷な環境の中で個体を保存し、子孫を残すことにある。人間の脳が生み出す意識という不可思議な存在の意義もまた、最終的には個体の生存と子孫の繁栄に資するものでなければならない。文明を発達させた人間にとって、生存の成否は自然との闘争に依るよりは、社会の中での自らの振る舞いによって決定される側面が大きくなった。意識が社会化されなければならない必然性がここにある。

フランス革命のような大激動を前にして、いかにして身を処すか。応仁の乱の京都、幕末の会津、第二次大戦末期の東京で、どのように生き、そして永らえるか。歴史がその凶暴な気まぐれを露わにする時、私たちが直面する困難はこの宇宙の中の偶有性の運動学に起因する。

偶然と必然が一つのダイナミクスの中に統合されるプロセスとしての、私たちの生命、そして意識。生きることの喜びと困難は、同一の原理にその起源を持つ。覚悟を決めて、そのことを知らなければならない。

第五章　バブル賛歌

青春は破綻してこそ

夏目漱石の『三四郎』は永遠の青春小説である。少なくとも私にとってはそうだ。主人公小川三四郎の運命は、その詳細をたどればむろん時代も境遇も異なる私のそれではあり得ない。けれども、文明開化の東京を歩き回る若者に起こるできごとは、私自身の人生のさまざまと響き合って不思議な波紋を胸に残す。

焦点となるのは、なんと言っても美禰子だ。

その拍子に三四郎を一目見た。三四郎は慥に女の黒眼の動く刹那を意識した。その時色彩の感じは悉く消えて、何とも云えぬ或物に出逢った。その或物は汽車の女に「あなたは度胸のない方ですね」と云われた時の感じと何処か似通っている。三四郎は恐ろしくなった。

二人の女は三四郎の前を通り過ぎる。若い方が今まで嗅いでいた白い花を三四郎の前へ落して行った。三四郎は二人の後姿を凝と見詰めていた。看護婦は先へ行く。若い方が後から行く。華やかな色の中に、白い薄（すすき）を染抜いた帯が見える。頭にも真白な薔薇（ばら）を一つ挿している。その薔薇が椎の木蔭（こかげ）の下の、黒い髪の中で際立って光っていた。

三四郎は茫然（ぼんやり）していた。やがて、小さな声で「矛盾だ」と云った。大学の空気とあの女が矛盾なのだか、あの色彩とあの眼付が矛盾なのだか、あの女を見て、汽車の女を思い出したのが矛盾なのだか、それとも未来に対する自分の方針が二途（ふたみち）に矛盾しているのか、又は非常に嬉しいものに対して恐（おそれ）を抱（いだ）く所が矛盾しているのか、——この田舎出の青年には、凡て解らなかった。ただ何だか矛盾であった。

三四郎は女の落して行った花を拾った。そうして嗅いでみた。

この小説に因んで現在は「三四郎池」と呼ばれる東京大学本郷キャンパス「育徳園心字池」の畔での、美禰子との出会い。この短い時間の出来事が、ふくよかな希望を抱かせながらもやがて、青年三四郎の存在の根底を揺るがすようなカタストロフィへとつながっていく。

『三四郎』の中で、漱石は、ひらりひらりと木の葉のように瞬時に変化する人の心の機微をうまく描いている。ぽんぽんと転換していく場面の中に、私たちの生を特徴づける偶有性が顕れるのである。

現代科学は、生の偶有性のメカニズムを徐々に明らかにしつつある。文学作品の機微を科学の言葉である程度解析できないこともない。他人と目が合うと、脳の中でうれしい時に放出される「報酬物質」であるドーパミンが分泌される。「女の黒眼の動く刹那」に、三四郎はドーパミンの一撃を受けるのである。女は通りすがりに「白い花」を落とす。その行為は意図的なものか、無意識か。美禰子本人にもそれは容易にわからないだろう。私たちの行為は、自分でも意図せざる微小な軌道のゆらぎ（「マイクロスリップ」）に満ちている。

脳科学や認知科学といった今日の科学は、ある視点に従って対象を「分析」することで成り立っている。私たちの生の現場の出来事を、一つひとつ切り取って提示してみせるのである。その場合の切断面は、あくまでも生という現象における「点」である。「点」と「点」を結んで、どのようにして「線」や「面」にするか。いわゆる「複雑系の科学」はそのことを問題にしようとしている。科学が依拠してきた分析的手法を超える何ものかを志向するのである。

意識の中のクオリアがどのように生み出されるかという「心脳問題」もまた、「点」の問題ではなく「線」や「面」の問題である。個物どうしがネットワークの中で関係性をもって結びつけられる時、それまでに存在していなかった属性が生じる。クオリア問題は、本質的に複雑系の科学に接続しており、広い意味での「生命哲学」とも連動する。

もし、本気で偶有性に向き合おうとすれば、科学を記述する文法自体が変わらなければならない。還元主義、分析主義を超えようという複雑系の科学のマニフェストは、その一つの表れである。たとえば、自然言語の持つ潜在的な力が見直されるべきであろう。私たちの用いる自然言語は、偶有性に満ちた私たちの生のあり方を記述することを目的として進化してきた。科学の用いる数学という言語は厳密ではあるが、そのためにかえって偶有性から遠い。そのような視点から見れば、『三四郎』のようなすぐれた小説は、偶有性に関わる最良の文献の一つとなり得る。

ところで、生命現象における偶有性は常に平坦なかたちで表れるのではない。一本調子で前に行くのではなく、急流があり淀みがある。『三四郎』は、青春を描く小説である。青春時代に顕著となる人間の精神の特徴とは何か。それはつまりは「バブル」である。一気に高まって、さまざまな香しい花を咲かせ、やがてしぼんで消え去るもの。美禰子に対する三四郎の思いは、まさに一つの「バブル」であった。

「もう気分は宜くなりましたか。宜くなったら、そろそろ帰りましょうか」

美禰子は三四郎を見た。三四郎は上げかけた腰を又草の上に卸した。その時三四郎はこの女にはとても叶(かな)わない様な気が何処かでした。同時に自分の腹を見抜かれたという自覚に伴う一種の屈辱をかすかに感じた。

「迷子」

女は三四郎を見たままでこの一言を繰返した。三四郎は答えなかった。

「迷子の英訳を知っていらしって」

三四郎は知るとも、知らぬとも言い得ぬ程に、この問を予期していなかった。

「教えて上げましょうか」

「ええ」

「迷える子――解って？」


三四郎は美禰子に翻弄される。一時期は完全に自分を見失うほどに影響される。当然のことながら、学業にも支障が出る。しかしそんなことは、言うまでもないことだが、青春における精神運動においては大したことではない。


号鐘が鳴って、講師は教室から出て行った。三四郎は印気の着いた洋筆を振って、帳面を伏せようとした。すると隣りにいた与次郎が声を掛けた。

「おい一寸借せ。書き落した所がある」

与次郎は三四郎の帳面を引き寄せて上から覗き込んだ。stray sheep という字が無暗にかいてある。

「何だこれは」

「講義を筆記するのが厭になったから、いたずらを書いていた」

「そう不勉強では不可ん。カントの超絶唯心論がバークレーの超絶実在論にどうだとか云ったな」

「どうだとか云った」

「聞いていなかったのか」

「いいや」

「全然(まるで)stray sheep(ストレイ シープ)だ。仕方がない」


誰にでも思い当たることがあるだろう。その人の一挙手一投足の意味を見逃すまいと、息を詰めて見つめる。何を考えているのか、必死で読み取ろうとする。一つの女に関する思いわずらいが、自分の胸の中でとてつもなく大きな場所を占める。感情の「バブル」の中で右往左往する。そのような時期を経験しない青春は、実に不幸である。

しばしば、人は「バブル」をあだ花だというが、実際にはバブルなしで命は進みはしない。美禰子への愛というバブルがふくらみ、やがてそれが破綻する。それこそが、三四郎にとっての青春であった。それは確かに手痛い経験ではあったが、それゆえに三四郎は作品の冒頭、名古屋で女に翻弄された情けない自分から、一つ前に進むことができたのである。

やがて、美禰子という「迷宮」を抜けることで、三四郎は一歩前に進むことだろう。魅力的な女性と結ばれ、充実した仕事の中に過去を次第に忘れ、美禰子とのことも、懐かしい思い出となるだろう。

バブルがあってこその青春。破綻がない人生など、つまらない。そもそも、成長することができない。

狂乱と文明

人間のつくる社会は、しばしば有機的な生命体にたとえられる。アリやハチのような社会的動物の構成する群れは、それ自体が生命をもつかのように環境に対して適応的にふるまい、組織体としての「知性」を見せる。人間の文明は、「社会的知性」の最高の形態を示す。そもそも、言語に決定的なかたちで依存する一人ひとりの人間の賢さも、また、社会的知性の顕れである。

もしそうであるならば、有機体としての社会のふるまいが、しばしば個人の精神におけるそれをなぞるように見えるのも、当然と言えるのかもしれない。

バブルは、むろん、『三四郎』においてもそうであるように個人の生活史の中だけに起こるのではない。「マクロ」な社会事象のレベルでも起こる。経済の歴史を振り返れば、そこには数限りない「バブル」現象が見られる。そうして、個人のレベルでのバブルと、社会のレベルでのバブルは、しばしば共鳴し、強め合い、思わぬところへと私たちを運んでいく。

歴史上、記録のはっきりと残る最古のバブル現象は、十七世紀のオランダで起きた「チューリップ・バブル」事件である。当時、オスマン帝国から輸入されていたチューリップの球根の価格が、人気が高まるとともに急騰した。

チューリップの球根は、一年で二、三株くらいずつしか増えず、人気の高い品種といえども、急速に数を増やすことが難しい。花びらに縞(しま)や炎のような模様が入ったチューリップはとりわけ珍重されたが、今日ではこれらはモザイク・ウィルスによる感染の結果であることがわかっている。

愛らしい植物に、人々は「品格」という幻を追い求める。美しい花には「提督」「将軍」「アレクサンダー大王」「皇帝」など、大仰とも思われる名前が付けられた。人々の間でチューリップの人気が高まるにつれて、チューリップの株は儲かるとばかりに、投機をする人も参入してきた。ごく普通の人々までもが、借金をしてでも球根に投資する。価格は見る間にうなぎ登りになった。

球根の急激な高騰が一六三四年の暮れに始まり、一六三七年の一月に頂点を迎えた。ピーク時には、人気のあるチューリップの球根一個が熟練した労働者の年収二十年分以上に達したという。

このような狂乱の中で、喜劇のような事件も起こった。事情を知らないイギリスからの訪問者が、高価なチューリップの球根をタマネギだと勘違いして料理して食べてしまったという。所有者が激怒し、落胆したのは言うまでもない。

チューリップ・バブルは、一六三七年二月には崩壊へと向かう。一六三七年五月には、急騰前の価格水準へと戻っていた。楽観的過ぎるもくろみの破綻によって、多くの人が窮地へと追い込まれたことは、一九九〇年代初頭の日本のバブル経済の崩壊や、二〇〇八年のアメリカの金融危機と変わるところはない。

冷静になって考えれば、チューリップの株にそれほどの価値があるはずがない。美しいとは言え、所詮はたかが観賞用植物。可憐な花が投機の対象になったオランダのチューリップ・バブルは、その「底」が抜けていることが誰の目にも明らかであり、ユーモラスな雰囲気さえ漂わせる。

しかし、対象がチューリップでも、土地でも、絵画でも、バブル現象が冷静な合理性から遠く離れたところで起こることに変わりはない。バブルは、なぜ起きるのか。それは人々が抱く期待ゆえにである。「バブル」の対象は、そもそもそれほどの価値のあるものではない。人間という存在は、端から見れば滑稽に思われるような対象にさえ、ありったけの希望を注ぎ込むことができるのだ。だからこその人間。それゆえの文明。バブルは、人間の存在証明だとさえ言える。

最近で言えば、「インターネット」に対する期待は、通り過ぎてしまえばバブルの側面があったのかもしれない。確かに、インターネットは無限の未来を保証しているように見えた。その中に新しい経済が定義され、様々な活動が生まれ、人々に新たな精気漲（みなぎ）る生活領域を提供するかに思えた。

インターネットに対する過大な期待が、一つの「バブル」だったなどとは、私たちは未だに認識していないのかもしれない。しかし、気付いてみればインターネットがあるからと言って私たちは生きていけるわけではない。生物としての基本的な実存の条件から見れば、それは夢や霞のようなもの。食糧自給率四十パーセントの日本は、外国からの食糧輸入が止まってしまえばおしまいである。ネット上でちょっと気の利いたアプリを開発して何かを成し遂げた気になっている若者と、大地にへばりついて食べものを作っている人の一体どちらが偉いのか。

むろん、インターネットは私たちの文明生活の中で重要な意味を持ち続けるだろう。しかし、インターネットが私たちの生の問題の全てを解決する「魔法の薬」だなどと信じている人たちは、時が経つほどに減っていくだろう。私たちは、やがては冷静にならなければならない。その一方で、文明が一度はインターネットの中にありったけの熱意と希望を吹き込んだことを、とても人間らしく、若々しいことだとも思う。

私たちは、オランダのチューリップ・バブルに狂奔した人たちを笑うことなどできない。彼らは、夢を抱いたのだから。巨大な「チューリップの王国」を見たのだ。その中では、咲いてもいつかは枯れてしまう花たちが、この上ない美の象徴として崇められている。「提督」や「将軍」「アレクサンダー大王」「皇帝」などの花々が陽光を受けてやさしく揺れている。花から花へと、人々が微笑を浮かべながら歩いている。そのような幻をいったんは見たという歴史的事実と、今日のオランダの人を大切にする寛容な文化は必ずやつながっているはずだ。

オランダにとって、チューリップは今日においても重要な観光資源であり、大切な輸出品の一つとなっている。空に輝く超新星のごときバブルの栄耀こそ消えてしまったものの、その残照は今もかの地を包み人の心を惹き付ける。

私秘的なバブル

未来に対して、後から振り返れば過剰とも言える希望を抱いてしまうこと。それは生命の一つのリズムの結果であり、何が起こるかわからないという世界の「偶有性」に対する私たちの生の適応戦略の一部である。

楽しみにしている旅の前に、私たちは精神的なバブルを経験しないか。新しい学校に入学したり、進学したりする時に期待が風船のようにふくらみはしないか。これらの過剰なる熱狂は、現実の前に必ずやしぼんでしまう運命にある。だからと言って、「未来評価の一時的高騰」など経験したくないという人は、この世に一人もいないと私は信じる。なぜなら、私たちは生きなければならないのだから。

一身上に起こる、「私秘的な」バブルは、起きること自体が精神の若さの象徴と言える。その影響が個人に留まるのであれば、バブルは何回起こしても、何度崩壊させても良い。むしろ、私たちの生はバブルを一つの推進剤として進んでいくのだ。物質と反物質を反応させ、その爆発の衝撃で宇宙空間を進んでいく「反物質駆動宇宙船」のように。

私自身の人生を振り返っても、何回もバブルの隆盛とその崩壊を経験してきた。それは、私が世界について何某かのことを学ぶ生のリズムをつくっていたように思う。

たとえば、五歳の時に始めた蝶の採集。夜など飽かずに昆虫図鑑を眺めて、未だ見ぬ美しき蝶の姿にため息をついた。心の中の「バブル」が頂点に達したのは、小学校高学年で行った九州の高千穂峰山頂だったかもしれない。『全国昆虫採集地案内』という本の中で、風に吹き上げられて数々の珍しい蝶が飛来する愛好家にとっての「天国」として描かれていた。今思いだしても切ないあこがれが甦る。ヒサマツミドリシジミ。タッパンルリシジミ。ルーミスシジミ。未だ手にしたことがないどころか、その姿を野外で見たことすらない美しい珍蝶たちが飛んでくるというので、幼い私はその記述を読んでいるだけで喉の奥から何か熱いものが込み上げてきて、あれこれと考えているとやがて興奮で眠れなくなってしまうのだった。

いつかは高千穂に行ってみたい、とうわごとのように言っていたのを親が聞いていてさりげなく伝えてくれたのだろう。ある時、そういうことになって、母方の実家がある小倉のヒデカズおじさんと夜汽車に揺られていった。寝台車などなかったから、普通車の座席の下に新聞紙を敷いて眠りながらいった。

少し年下の従兄弟のコウちゃんが、思わず私のもらした独り言を聞いて、「けんちゃん、霧島に行くなんて夢のようだっち」とヒデカズおじさんに言っているのを聞いて、はて、どうやら自分が熱狂しているのは世間から見れば奇妙なことらしい、と気づきかけた。

山の麓でテントを張って一泊した。大きな石がごろごろしているところで、寝返りを打つと背中に当たって痛かった。翌朝、捕虫網を持って登り始めた。両側が目の眩むような斜面になっている「御鉢」の縁を、注意しながら歩いた。

ヒサマツミドリシジミや、ルーミスシジミなどの珍蝶が風に吹かれて上がってくるはずの高千穂峰山頂が、次第に目の前に大きく迫ってくる。親しく接してみると、なるほどそれは緑のとぼしい土の塊で、本当にここが蝶の天国なのか、次第に心細くなってきた。

かくも長きにわたり、自分の部屋に寝転がって、『全国昆虫採集地案内』をぼろぼろになるまで読むその時間の中に育んだ夢は、目の前の現実化した高千穂峰山頂によってはどうやら支え切れそうにもなかった。

結局、山頂には一時間ほどいた。その間、ヒデカズおじさんは美味しそうにビールを飲み、従兄弟のコウちゃんは退屈そうにその辺りを歩く。私は、今にも山の斜面を日本で一番美しいゼフィルスと言われているヒサマツミドリシジミがその緑色の金属光沢をキラキラさせて上がってくるものと信じて、いつでも振れるように網を身構えて待っていた。しかし、珍蝶どころか、普通種さえもなかなか上がって来はしなかった。

心細い思いが募る。ヒデカズおじさんはビールを飲みきってしまったようだし、コウちゃんの忍耐も限界に近づいた。どうやら夢は、果たせなかったようだった。後ろ髪を引かれるような思いで、山頂を後にする。

来た時よりはよほど覚束ない足取りで、再び「御鉢」の縁を巡りながら思った。私が長い間抱いていた夢、高千穂峰の山頂であこがれの珍しい蝶に出会うという夢が、こんな形で終わってしまっていいのだろうか。もしそうだとしたら、人生なんて随分つまらない。「高千穂峰の失望」は、私の中で育んでいた何ものかが崩壊する、決定的なきっかけになったのではないかと思う。少年時代のドアが、また一つ開いて、閉じた。バブルの崩壊というものは、常に寂しいものだ。

もちろん、それで終わりではなかった。それから、たくさんの「バブル」とその崩壊に遭遇した。アルベルト・アインシュタイン、『チキ・チキ・バン・バン』、『赤毛のアン』、

『イワン・デニーソヴィッチの一日』、井上陽水、荒井由実、ビートルズ、フリードリッヒ・ニーチェ、リヒャルト・ワグナー、分子生物学、『指輪物語』、オーストラリア・ドイツ・南アフリカ共和国のペンパルとの文通、ドイツ語、ランの栽培、オウム、熱帯、アンドレイ・タルコフスキー、フランツ・カフカ、『嵐が丘』、無意識の心理学、箱庭療法、エンカウンター・グループ、カール・ロジャース、超関数論、非交換代数、対角線論法、熱力学の第二法則、イマニュエル・カント。

およそ大学の学部を卒業する頃までに出会い、胸の中に熱狂の「バブル」をもたらした数々のものたち。これらのものは、最初に「ここにすばらしき新世界がある！」と信じたものとは違うものへと姿を変えていってしまった。やがて、心の中に甘くかすかな痛みを残して熱狂は去っていく。もはやかつてのように胸をざわざわさせはしないものに変化していく。それでも、胸中に「バブル」をもたらすものとの出会いがなければ、私は今あるところのものにはなっていなかっただろう。

例えば、二十代半ばで訪れた、小津安二郎との出会い。その頃私は愚かにも「西洋かぶれ」をしていて、日本には文化として誇れるものなどないと思い込んでいた。バイトをしていた予備校の近くのレンタルビデオ屋で、「名作と言われているから一度くらい見ておこう」と手に取った『東京物語』のビデオ。正月に最初に見た時にはなんだかぼんやりとした印象しか残らず、「まあいいさね」とビデオを返した。三月になって、どこがどうというわけではないけれども、どうにもこうにも気になって、再びビデオを借りて見た。

今度ばかりは「大波」だった。私は『東京物語』にとりつかれたようになってしまった。尾道に始まる冒頭から、やがて「おばけ煙突」の並ぶ東京のシーンとなる。さまざまなことがあって、再び尾道へと戻っての最後のシークエンス。そのこの上なく美しくやさしい時間の流れと世界観に、私は恋をして、虜になってしまったのである。

しばらく我慢をしていたが、矢も盾もたまらなくなって、『東京物語』のビデオを再び見てからちょうど二週間後くらいに、東京駅から一人新幹線に飛び乗った。映画の中に山陽本線を走る蒸気機関車が出てくるからと、福山で乗り換えて、在来線の人となりもした。いよいよ尾道の街が見えてきた時に、小津安二郎がとらえた映画の中の風景との異同を面影の中に必死になって探るその有り様は、今振り返ってもどう考えてもまともとは思えない。私は、どうにもこうにものぼせ上がっていたのだろう。

千光寺公園に登る。ちょうど桜の季節で、青空いっぱいに花が満開だった。行き交う船を見ていると、胸の中で何ものかが溶けていくかのようだった。胸の中には、バタバタと蝶が羽ばたいていて、その起こす風で桜が散ってしまいはしないかとさえ思った。

以来、小津安二郎の映画はよく見るようになった。『父ありき』『晩春』『麦秋』『秋刀魚の味』『お茶漬の味』『お早よう』。作品を見ることが度重なるにつれて、この偉大な映画監督の作品に対する敬愛の念は、ますます深まっていった。

しかしながら、あの春の日、何でこんなところまで来てしまったのだろうと呆然と尾道水道を見下ろしていた時に、私の胸の中にいた蝶々は、どこかに飛んでいってしまってあとかたもない。尾道も大好きな街となり、何度となく訪れたが、長年離れていた恋人に会うかのようなあの時の胸の脈動は、二度と戻って来はしない。私の中のバブルは、終わったのだ。

マクロな社会現象としてのバブルが、時に人々に大いなる災厄をもたらすことは、論を俟(ま)たない。一国の経済などは、バブルを起こすにはあまりにも大きすぎる。そのような大規模なスケールでのバブルは、できれば避けた方が良い。

その一方で、私秘的なバブルは、大いに繰り返すのが良い。個人的な体験を振り返ってもそう確信する。バブルがない人生など、つまらないではないか。胸の中に大いなる虚妄を膨らませてこそ、私たちは「先」へと行くことができる。いつかは弾けてしまうなどということくらいわかっている。消えてしまうからといって、最初から膨らませないなどというのは賢いようで愚だ。それならば、いつか死んでしまうのだから、私たちの生命には甲斐がないということになるではないか。

そもそも、時間のスケールを変えれば、全ての生命現象は「バブル」に過ぎない。まさに、鴨長明が『方丈記』で言うように、「ゆく河の流れは絶えずして、しかも、もとの水にあらず。淀みに浮かぶうたかたは、かつ消え、かつ結びて、久しくとどまりたる例なし」である。

「うたかた」＝「泡沫」こそが人生なのだ。

脳が世界を忘れるとき

私がやがて破綻するとわかっていても、バブルを賞賛して止まないのは、バブルなくして私たちは人生においてもっとも大切なこと、すなわち「学び」を成すことができないと信じるからだ。

文化的に新しいものとの出会いも、心惹かれる異性との遭遇も、それが脳の中の神経系にもたらす作用は、広い意味における「学習」のプロセスの一環であると考えることができる。

「学習」とは、脳の神経細胞の結びつき（シナプス）が変化することである。その変化は、日々ゆったりとしたペースでも起きているが、一方で急激な変化もある。人間の脳が環境と相互作用しながら「世界」について学んでいく過程で、さまざまな「バブル」が生じるのである。

洞察やひらめきによって何かがわかる時、私たちの脳の中では約〇・一秒間にわたって、神経細胞がいっせいに活動している。広範囲にわたって神経細胞が同時に活動する。このことにより、神経細胞の間をつなぐシナプスが瞬時に強化されて、世界観の更新が行われるのである。神経細胞の「アンサンブル」が一時的に形成され、ただちに解体されるプロセス。集合と解体が完了した時、私たちの世界観は更新されている。

ひらめきに至る神経細胞のメカニズムの本質は、未だ知られていない。おそらくは、無意識のうちに、過去の経験が様々に組み合わされ、有用性が試されている。そのほとんどは、役に立たない。まれに「これは役に立つ」という組み合わせが発見されると、脳がそれを検出する。前頭葉の前部帯状皮質（ACC）がアラーム・シグナルを出す。それが、前頭前野背外側部（DLPFC）に送られる。前頭前野背外側部は、脳の「司令塔」であり、「現在、注目すべきことが脳の中で起こっているから、資源をその処理に集中せよ」という指令を出す。そのことによって、脳の認知や記憶にかかわる様々な回路が関わってきて、「ひらめき」の結果が定着するのである。

なぜ、ひらめきに関わる神経細胞の活動は、それほど短い時間に起こって完了してしまうのだろうか？　ひらめきの瞬間、脳は外界を無視する。ひらめきを通して新しい何かに気付くということは、人間の創造性を支える大切な脳のはたらきであるが、その一方でそれは通常の認知活動を一時的に停止させてしまう、潜在的に危険なプロセスでもある。

○・一秒ならば許されるが、あまりにも長く続けば生命を脅かすかもしれないのだ。「通常モード」において、脳は外界からの情報を時々刻々とリアルタイムで受け入れて、その解釈を行い、適切な反応をする。ひらめきの瞬間、脳は異なるモードに入る。世界自体は霧の中に後退し、代わって、思念という抽象的な世界の住人たちが、脳を一時的に占拠してしまうのである。

パズルを解いたり、科学上の洞察をしたりといったひらめきは純粋に認知的なものであるが、その脳の情報処理メカニズムにおける本質は、青春における感情のバブルとつながっている。それが続いている間は、他のすべてのことは背景に退いていく。美禰子のことを考えている間は、三四郎は学業もその他さまざまなこともうっちゃってしまう。アルキメデスは、幾何学の問題で頭がいっぱいになり、地面に描いた図形を踏みつけた兵士に抵抗し殺された。脳が世界のことを忘れてしまうということは、確かに危険なことではあるが、その一方で、そのようにしてまで何ごとかに集中しなければ定着しない学習もあるのだ。

人間の脳は、どこまで学んでも完成型のない「オープン・エンド」性を持っている。ゆえに文化を花開かせた。ゆえに文明が発達した。脳の「オープン・エンド」を支えているインフラストラクチャは、脳の中に起こるさまざまな「バブル」である。〇・一秒のひらめきから、何週間か続く「マイ・ブーム」、何年にもわたる恋愛まで、さまざまな「バブル」があってこそ、人間の脳はより深い世界認識への階段を上り続けることができるのだ。

バブル賛歌

真理はしばしば「反時代」的なものである。同時代の文脈において価値がないと思われているものの中に、私たちの生命を育むかけがえのない作用が含まれていたりもする。

一身限りの私秘的なバブルが多くの場合生命に良き作用を持つことは論を俟たない。何も、晩年まで恋と創作における衝動の間を行き来した、かのゲーテのようにせよ、というのではない。どんなに小さなことでも良い。いつかはそれが衰え、破綻することを畏れずに、泡沫的感情の中にこそ身を浸すべきなのだ。今日は一体どのようなバブルに遭遇できるか。そのことを楽しみに、その甘美な予感に戦(おのの)きつつ生きよ！

一方、マクロな経済におけるバブルはできれば避けるべきものと見なされ、その発生は政策上の失敗に帰着させられることが多いが、本当にそうなのか。真理愛好者は疑わなければならない。人間の脳が大小さまざまなバブルによって学習を進めていくように、人類社会もまた、バブルの痛みを通して学んでいくのではないか？

小さなひらめきまで入れれば、人間の生涯にあるバブルの数は何万の単位となるだろう。それに比べて、人類が経験したバブルの発生と破綻の、まだなんと数の少ないことか。チューリップ・バブル、南海泡沫事件（註　一七二〇年に英国で起こった空前の投機ブーム。

「バブル経済」の語源になった)、ミシシッピ計画(註　十八世紀、北米フランス植民地のミシシッピ川周辺の開発・貿易を担った会社の株が暴騰)。私たちの祖先は、これらの歴史的バブルを通して、必ず何かを学んだはずだ。日本におけるバブル経済の崩壊には、何某かの教訓が無かったか? 私たちは、賢さによってバブルを避けるのではなく、むしろもっと巧みにバブルを経験するように文明を進化させなければならないのかもしれない。チューリップ・バブルによって、当時の人々が花の愛らしさを学んだように、インターネット・バブルによって、私たちが新しいメディアの可能性に目覚めたように、バブルの中に巧みに身を浸して、微笑みつつ進んでいくことが、人類の文明の次なる課題なのかもしれない。

偶有性の海を航行しながら、あえて「バブル賛歌」を口ずさむ。人類の文明は、バブルの一波二波を乗りこえられるくらいには、まだまだ若いはずだ。

第六章　サンタクロース再び

「不意打ち」の僥倖

ある年の暮れ、私は羽田空港のレストランで、カレーライスを食べていた。横に座っていた家族連れの五歳くらいの女の子が、隣の妹に、「ねえ、サンタクロースっていると思う?」と尋ねているのが聞こえた。

今となっては、記憶の中で女の子のかたちはぼんやりとしている。赤い服を着ていたような印象はある。しかし、サンタクロースという存在に一生懸命に向き合っていた、その魂の姿勢だけは心の中にくっきりと残り、歳月とともにその輝きを増して成長し続けている。

女の子の声を聞いたその瞬間、私の脳の中で何かが起こった。神経回路網の活動の中で、要素と要素が結びつくことによって新たな契機が立ち上がったのだろう。およそ人間が向き合うことになる様々な疑問の中で、「サンタクロースはいるか」という問いほど切実なものはない。その命題の真実性が瞬時に納得されたのである。

サンタクロースの実在をめぐる謎は、すなわち、「仮想」の問題。五歳の女の子の一言をきっかけとして、私は仮想をめぐるさまざまな問題群に思いを巡らせた。その結果が、『脳と仮想』という一冊の本となった。

思いもかけず訪れた仮想との巡り会いが、見知らぬ女の子の一言だったことは、ふりかえってみても、僥倖だった。

先日、写真家の浅井愼平さんにお目にかかった時に、ビートルズの話になった。浅井さんがビートルズ来日時に密着して撮影した写真のお仕事は余りにも有名である。「その現場に居合わせるということが、結果としては、最大の才能の一つだと思っています」と浅井さん。

私自身のビートルズとの出会いは、鈴木ヒロミツさんがラジオでやっていた「ビートルズ大全集」を中学生の時に聞いたのがきっかけだった。たまたま耳にして、彼らの楽曲に不意打ちされた。『抱きしめたい』や、『プリーズ・プリーズ・ミー』などの初期の楽曲から、『ミッシェル』や『イエスタデイ』『アンド・アイ・ラブ・ハー』などのバラード、そして『ビコーズ』や『ア・デイ・イン・ザ・ライフ』『ストロベリー・フィールズ・フォーエバー』などの哲学的な作品。ちょうど英語を学び始めたばかりの私は、歌詞の味わいを乾いたスポンジに水がしみ込むように吸収した。一生懸命エアチェックしてテープに録り、繰り返し聞いた。

そのことを浅井さんにお話しすると、「それは最高の出会い方をされましたね」と言われた。誰かに「これは良いよ」と教わったり、有名だから聞いてみるというのではいけない。それでは、最初から方向性が決まり過ぎている。確定的要素が大きすぎる。出会いというのは、不意打ちされるものでなければならない。予想もしないものと遭遇して、脳が衝撃を受ける。そんな「衝突」こそが最上のものなんですよと浅井さんは言われた。

浅井さんの言われる通りかもしれない。その意味で、私は「仮想」という問題と最高の出会い方をしたのだろう。歳末の空港。たまたま耳にした女の子のかわいらしい声が、人間存在の深淵を教えてくれた。あの雑踏の中の瞬間を振り返り、くりかえし味わう。人生のかけがえのない宝ものをそこに見いだす。

振り返れば、私のライフワークである「クオリア」との出会いもまた、不意打ちであった。脳の研究を始めてから二年目の冬、研究所から帰る電車の中。車両と車両の間の連結部のところに立っていて、「ガタンゴトン」という音の質感が突然生々しく聞こえた。その瞬間、周波数分析をするなどの数理的アプローチをいくら積み重ねたとしても、私が現に意識の中で感じている質感の本質には届かないのだということが了解された。クオリアの問題が、私に電撃的に訪れたのである。

その時まで、私は脳の研究を進める上での問題意識を摑み切れていなかった。複雑だとは言いながら、脳もまた、一つの物質系に過ぎない。究極的には、素粒子で構成されているシステムであり、その振る舞いは、方程式で書けるはずである。だとすれば、脳に関するすべての記述は、いつかその時間発展を方程式で書けるようになるまでの「つなぎ」に過ぎないことになるのではないか。脳を研究することの本来的な意義とは、一体何なのか？ そのことが判らぬままに、私は、神経細胞やシナプス、学習にかかわる詳細を次から次へと考察する日々を送っていた。「クオリア」の問題に目覚めて初めて、私は一生をかけるに値する課題を自覚した。自分が生涯を尽くして追い求めるべき「聖杯」の姿がおぼろげながらも見え始めた。どのように自分のありったけの努力と誠意を組織化すれば良いのか摑み始めた。

後に、禅僧の南直哉（じきさい）さんに、私を不意打ちした「クオリア」の覚醒は「香厳撃竹（きょうげんげきちく）の話」と同じだと指摘された。

香厳智閑（ちかん）という勉強家の中国の禅僧がいて、彼は学問であるレベルまでいく。ところが、師匠の前で自分の今の心境を話しても何度も否定される。ついには、もう俺はダメだ見込みはないと、本や経典（きょうてん）を焼き学問を止めて、庵（いおり）にひきこもって掃除に専心する。ある日、一生懸命庭を掃いていると、箒（ほうき）で小さな石の塊を飛ばした。それが筧（かけい）にパカーンと当たった。その音を聴いて一遍に悟っちゃう。

（茂木健一郎・南直哉『人は死ぬから生きられる　脳科学者と禅僧の問答』新潮新書）

箒で掃いた小石の塊が箕にパカーンと当たった瞬間に悟る。思えば不意打ちこそが、私の人生を豊かにしてきた。不意打ちを通して、脳の中に神経活動の「バブル」が生じる。不意打ちの中には、偶有性の豊饒が含まれている。時間の進行とともに展開するさまざまな出来事が、ある程度までは予想できるが、そこから先は予想できないという事態。その混合の中にこそ、生命の本質がある。私たちの認識が向き合うべき世界の香ばしい消息がある。

ビートルズとの出会い。歳末の空港で耳にした女の子の一言。クオリアへの覚醒。どれもが不意打ちだったからこそ、私の脳の中の偶有性のダイナミクスを活性化させた。偶有性は、予想された軌道から逸脱してこそ、その生に対する恵みを顕わにするのである。

偶有性が豊かな「仮想」を支える

歳末の空港で、サンタクロースの実在を問う女の子に出会ってから年月が過ぎた。生命のリズムはめぐり、偶有性の問題を通して脳の働きを考える営みの中で、再び「仮想」の問題が心に懸かり始めている。

「仮想」の問題は、「偶有性」の問題と深くかかわる。人間の認知プロセスのダイナミクスは、私たちの周囲の「現実」だけをその構成要素とするわけではない。学習は、脳のもっとも大切な働きの一つである。学習するためには、時に実際に起こった「現実」と、起こったかもしれない「仮想」を比較する必要が生じる。自分はあることをしてしまったが、本当は別のことをしていれば良かったかもしれない。そうすれば、もっと良い結果になったかもしれない。そのような反現実(counterfactual)の認識を伴う「後悔」(regret)の認知プロセスが、前頭葉の眼窩(がんか)前頭皮質を中心に支えられ、私たちは人生という迷路を進んでいく。

現実と仮想の関係は、偶有性を考える上で重大な意味を持つ。そこには、起こったかもしれないことと、実際に起こったことが密接に絡み合う複雑な様相がある。

あの時、歳末の空港で、出張先から朝一番の飛行機で帰ってきた私が、空港内のレストランに入ったことは全くの偶然だった。ほんの少し私の体調が違っていたら、あるいはその後のスケジュールが詰まっていたら、私はそのレストランに入らなかったろう。入ったとしても、レストラン内の空席の様子を見渡して他の場所に行っていたら、女の子の決定的な発言が聞こえなかったことだろう。

五歳の女の子にしても、妹に「サンタクロースっていると思う?」と訊くのは、一生にそう何度もあることではないだろう。恐らくは、たった一度しかなかったに違いない。その一回性の発話が、たまたま私の前で行われた。目に見えないものに向き合っているようなあの真剣な口調で、半ば自分自身に語りかけるように発せられたあの言葉。私がそれを耳にすることができたのは、まさに目が眩むような偶然の積み重ねの結果であり、「一期一会」であった。

私たちの人生の一瞬一瞬は、現実と仮想が切り結ぶ現場である。一つの実際に起こったことのまわりには、たくさんの起こったかもしれないことがまとわりついている。たった一つの現実の進行は、その周囲に仮想をたくさん引きずり込んでいくことによって偶有性となる。偶有性とは、一本の現実の糸にたくさんの仮想が織り込まれることによって成立する「生命の糸」である。

前述の浅井愼平さんとの対話の際、私は「これからどんな言葉も発することができるのだ。私がどのように話すかによって、これからの対話の先行きは、いかようにも分裂していくことができるのだ」と意識して緊張していた。私としては珍しいことだった。「いつも風が吹いている」ように感じさせる浅井さんを前にして、私は生きることの偶有性を痛いほどに感じざるを得なかったのだろう。

偶有性は私たちの生命の母胎であり、死していつかはそこに還っていく大海である。科学論を研究している金森修さんに聞いたフランスのジョーク。

「ある男が、嘆いていた。オレは、生まれてからずっとビリだった。学校の勉強でも、運動でもさえなくて、恋人もできず、ろくな仕事もなく、貧乏のまま。そんなオレが、生涯でたった一度だけ一位になったことがある。それは、母親の胎内で精子が一斉に卵子を目指していた時のこと。何十億という仲間たちを退けて、自分が一番に卵子に到着し、受精したのだ」

自分がこの世に生まれて来なかった可能性は、いくらでも想定できる。出生したという奇跡に比べたら、その後ずっとビリであることなど、大したことではない。金森さんのジョークの趣旨は、そのような生命哲学の中にある。私という一つの生の軌跡のまわりには、たくさんの「私の不在」という仮想がまとわりついているのである。

ラッセ・ハルストレム監督によるスウェーデン映画『マイライフ・アズ・ア・ドッグ』で、主人公のイングマル少年は次のように自分に言い聞かせる。

「人工衛星とともに打ち上げられたライカ犬は、そのまま死ぬまでずっと空を回り続けた。グラウンドを歩いていて、ヤリ投げのヤリが刺さって死んでしまった男もいる。それに比べれば、僕はよほどましだ。お母さんが病気で、何かあると金切り声を上げてヒステリーになる。自分がいるとお母さんがいらいらして病気に悪いからと、ひとり親戚のおじさんに預けられる。大事にしていた愛犬シッカンが、保健所に連れていかれてそのまま『処分』されてしまう。そのことを、おじさんは隠していた。おじさんの嘘に気付いた僕は、庭にある小屋に立て籠もる。心配して様子を見に来たおじさんに対して、僕はワンワンワンと吠えかかる。大好きだった、今は亡きシッカンのまねをして。

僕は、ただ、シッカンに言いたかった。僕は知らなかったんだ。僕がシッカンを騙してひどい目に合わせたわけじゃないんだ。そう思っても、もう、取り返しはつかない。起こったことは残酷だ。それでも、ライカ犬や、ヤリが刺さって死んだ男に比べれば、僕はましだ」

イングマル少年の独白はやがて、人生において「起こったこと」と「起こったかもしれないこと」を比較する、一つの生命哲学となる。イングマル少年は、偶有性の海に飛び込む覚悟を決める。映画のラスト近く、スローモーションの映像の中でイングマル少年の口元に浮かぶ微笑みは、偶有性の太陽だ。見る者の心をうっとりとさせる詩的な映像の連続の中に、骨太の思想が提示される。だからこそ、忘れがたい。

私たちの生命の中核には、現実と仮想を縒り合わせた偶有性の糸がある。歳末の空港で五歳の女の子の声を聞いた私の人生。その子に出会わない可能性もあったろう。そのような私の人生において、「仮想」の切実さに私はどのような形でめぐり会い、向き合っていたのだろうか。いつかは「仮想」と向き合うことになっていたとしても、アプローチは少し違ったものとなったろう。

サンタクロースと火焔土器

私たちの実在に関するすべての謎は、やがて意識という「大河」の中へと流れていく。

意識を特徴付けるのは、その中で感じられる「クオリア」と、それを把握する「私」という主観性の枠組み。現実と仮想を比較するような認識のダイナミクスにおいて、クオリアは重大な役割を担う。現実も仮想も、私たちがそれを意識の中で認識する限りにおいては、クオリアとなるのである。

現実、仮想、そして偶有性。そのような私たちが生きる上での問題群を一度経由してから、クオリアの問題に回帰すると、そこにはふしぎな結び目が見えてくる。

国宝に指定されている火焔土器における、高度に抽象化された炎の表現。果たして、現実の炎のかたちを写実したものか、あるいは抽象的な観念の空間を摸したものかは判然とせぬ。あの、踊るように絡みつく形態と同じようにお互いに結びつく密かな関係性が、現実と仮想、偶有性とクオリアを絡み合わせている。

クオリアは、「私」が世界と向き合う際の認識の最小単位である。クオリアは、その心の中における現れ方に即して考えれば、あたかも動かしがたい「結晶化原理」の産物であるかのようにも見える。赤のクオリア、冷たさのクオリア、フルートの音のクオリア。それぞれが心の中で確固たるかたちを持っていて、その動かしがたさは、予想しがたいということこそがメルクマールとなる偶有性からはむしろ遠くにあるようにも観じられる。

しかし、実際にはそうではない。クオリアの背後には、私たちの生命全体を包む偶有性の海がある。偶有性のダイナミクスとクオリアを結ぶ道筋を明らかにすることが、心脳問題の最終的解決への本質的なステップとなるのだ。

クオリアには、大きくわけて「感覚的クオリア」と「志向的クオリア」の二つがある。両者は、「私」という主観性の構造とのかかわり方が異なり、また、「現実」や「意味」との距離も異なる。目の前にある薔薇を眺めている時、その花びらの赤い質感は「感覚的クオリア」である。それに対して、それが「薔薇である」という感じは「志向的クオリア」となる。

感覚的クオリアは、「今、ここ」の現実の生々しい実在を支える。一方、志向的クオリアは、外界からの入力によって心の中に生起される「意味」を担う。目を閉じると、感覚的クオリアは消えるが、志向的クオリアは残る。また、感覚的クオリアは言語を超えているが、志向的クオリアは時に言語そのものとなる。

感覚的クオリアと志向的クオリアは、密接に結びついて私たちの認識を支える。外界から入ってきた刺激の認識は、いわば、「感覚的クオリア」と「志向的クオリア」の間のマッチングのプロセスである。例えば視覚について、網膜から入った刺激は、視床の外側膝状体（ＬＧＮ）を経由して後頭葉の第一次視覚野（Ｖ１）に至る。ここでの活動を起点とした神経細胞の活動が結びついたクラスター（同種の原子や分子が集合した状態）によって、感覚的クオリアが生み出される。一方、下側頭葉を中心とする高次視覚野における神経活動が、志向的クオリアを生み出す。何かが「見える」ためには、第一次視覚野から発する「ボトム・アップ」の感覚的クオリアのネットワークと、前頭前野を中心とする「私」という自我の構造に近い志向的クオリアのネットワークが出会い、結びつかなければならない。

感覚的クオリアは、通常の脳の状態においては、実際に外界からの刺激入力がなければ生み出されない。一方、志向的クオリアは、過去の体験を想起したり、あるいは想像したりすることによっても生み出される。このため、通常、私たちは感覚的クオリアを手がかりにして現実を把握する。目の前にある薔薇の事例で言えば、心の中に鮮明にとらえられる赤い色の質感などの感覚的クオリアこそが、現実にある薔薇の存在を担保する。一方では、薔薇が現実にはなくても、薔薇の志向的クオリアは立ち上げることができる。現実に薔薇がなくても、目を閉じて薔薇を思い描くことはできるのである。

志向的クオリアは、私たちが外界を意味づけ、認識する上で不可欠なものであるが、同時にその生起自体は現実という「桎梏（しっこく）」から解放されている。志向的クオリアのダイナミクスは感覚的クオリアのそれと比べてより自由であり、人間の創造性に直結しているのである。

視覚に関して言えば、「目を閉じたところから始まるもの」が志向的クオリアである。志向的クオリアは「目に見えないもの」を表現しており、「私」という主観性の構造の中枢により近い。

古代ギリシャのプラトンは、そのもっとも重要な著作の一つ『国家』の中で、「今、ここ」の具体的な感覚におぼれることに対する警鐘を鳴らしている。芸術には、私たちの魂を解放する性質と、「今、ここ」の具体に縛り付けてしまう側面がある。私たちの魂の本質である「イデア」の世界は目に見えないものである。私たちは洞窟の中にいる。私たちが現実だと思っているものは、イデアの世界から放たれる影のようなものに過ぎない。踊っている影を本質だと思ってしまってはならない。本質は、目に見えないものの中にある。どんなにすぐれた芸術であっても、その芸術の中におぼれてしまってはいけない。

それがどれほどすぐれた描写であったとしても、サンタクロースの芸術的表現は、感覚的具体に過ぎない。サンタクロースの本質は、目に見えないものの中にある。私が、歳末の空港でふと耳にした女の子の声に心を動かされたのは、「サンタクロース」という仮想の本質は目に見えないものの中にあるという大人の認識に通じる、五歳ならではの鋭い直感を感じ取ったからであろう。

私は、今でもありありと思い描いてみることができる。夢中になって喋りながら、女の子のつぶらな瞳は、虚空を見つめている。そこには、姿にならないものが明確なかたちとしてとらえられている。その時、女の子の脳はかつて描かれたどんなにすぐれた絵画よりも、ましてやCGを駆使して撮られたハリウッドの娯楽大作などよりも、「サンタクロース」という仮想の本質をとらえている。遠い縄文時代に、私たちの祖先が形づくった火焔土器の抽象的な幾何学模様が、現実の炎の姿そのものよりもよほど現象としての本質をとらえるように。

目に見えないものこそ美しい

プラトンの体系を現代の脳科学の言葉に翻訳すれば、私たちにとって大切な本質は、ものごとの表面的属性を示す感覚的クオリアよりは、「私」という自我の中枢により近い、志向的クオリアのダイナミクスに内在する。現代の時代精神は、次から次へと変化する感覚的クオリアの表現によって、人々を眩惑（げんわく）するかのようである。人々は、「見た目」の美しさを競い合いがちだ。「見た目」とはすなわち感覚的クオリアの世界である。一方、人の心の美しさは、容易にはとらえきれない。人の心の美しきことは、目を閉じてやがて浮かんでくる志向的クオリアの織りなすダイナミクスの中にひそかに感じられるしかない。あまりにも鮮烈な感覚的クオリアの「今、ここ」における具体。その起源の謎が「心」と「脳」の関係というハード・プロブレムそのものであることは言うまでもない。感覚的クオリアが私たちに突きつけるミステリーは真正なるものである。同時に、私たちはそこのみに留まっていてはならぬ。

多くの創造者は、感覚的クオリアの世界をいったんは離れて、志向的クオリアのダイナミクスの中に身を投じる。そのことで、プラトンの体系における「イデア」の世界をかいま見ようとする。プラトンの体系に従えば、具体と抽象の関係は逆転する。現代的な用法によれば、目の前の机やコップこそが「具体」であり、信頼するに足るものである。一方では、言語や数字、幾何学などは「抽象」であり、「具体」に比べれば実在性が低い。プラトンにおいては違う。目を閉じてありありと思い浮かべる観念の世界の方が、よほど確固とした精神世界における「具体」＝「イデア」につながっている。目の前の机やコップなどは、イデアの不完全な影に過ぎないのである。

プラトンの芸術に対する警告は、その無価値なることを主張するのではない。すぐれた芸術は、感覚的クオリアを仲立ちとして、志向的クオリアのダイナミクスの豊饒を立ち上げる。プラトンの言うイデアの世界に近づくのである。例えば、感覚的具体の芸術であるはずの「映画」においても、私たちの魂に対する本来的な問題を提起するのは志向的クオリアの世界における感触である。前述の『マイライフ・アズ・ア・ドッグ』がすぐれた映画であるのは、イングマル少年を演じるアントン・グランセリウスがかわいらしいからでも、描かれるスウェーデンの村の景色が美しいからでもない。映画を見終わった時に、何か言葉にさえできない感触が残る。それは「ほら、これ」と提示できるものではないが、しかし目を閉じればありありと感じられるものである。ちょうど、人の心の美しさと同じこと。それこそがプラトンの言うイデアに近しいものであり、何ごとも表面的な「見た目」優先の現代においては忘れられてしまうものである。

実際、すべてのすぐれた芸術は、その本質が目に見えないものに依拠するという点において、人の心の美しさに近づくのだ。プラトンの言う洞窟の比喩が、現代においても私たちにとってかけがえのない課題となるゆえんである。

志向的クオリアのダイナミクスは、必然的に偶有性を伴う。そこには、私たちの胸をざわざわとさせる、現実と仮想の融合がある。そもそも、現実と仮想の区別を保証するのは感覚的クオリアである。志向的クオリアにおいては、現実と仮想の区別は本来存在しないのだ。

目の前の花を見てそれを「薔薇」と認識する時、「薔薇」の認識を支える志向的クオリアは、仮想世界の響きをすでにその中に含んでいる。この世に、完全なる「薔薇」など、一つもない。「薔薇」という存在は、プラトンの体系におけるイデア界の中にしかない。私たちは、現実に存在する花のうち、その基準におおむね合致すると認識されるものに「薔薇」という志向的クオリアを張り付けるだけのことである。すべての認識には、現実と仮想の間のスリリングな緊張関係が内在している。

言語の意味は志向的クオリアのダイナミクスと関わり合う。視覚認識におけるようなカテゴリー化の形式としての志向的クオリアに、文法などの構造が付加されてリッチになったものが言語である。志向的クオリアが原理問題として「現実」と「仮想」を区別しないことを受けて、すべての言語表現には、「現実」と「仮想」が密に絡み合った偶有性の契機が関与する。

五歳の女の子が「サンタクロース」と言う時、その言葉の中にはクリスマスの朝に枕元にプレゼントを置いてくれるお父さんという「現実」から、まだ地図上でどこにあるかも定かには認識していない「北欧の国」からトナカイのソリに乗ってやってくる白髭のおじいさんという「仮想」まで、さまざまなものが縒り合わされている。

「仮想」を引き受ける

近年の脳科学の研究によれば、脳の中には自我の中枢を支える「デフォールト・ネットワーク」が存在するという。ここにいう「デフォールト・ネットワーク」とは、前頭葉内側部、後帯状皮質、頭頂葉外側部を含むネットワークで、脳が何もしないで「休んでいる」時に活動する回路である。「デフォールト・ネットワーク」の活動は、いわば脳の「アイドリング状態」に相当する。この「アイドリング状態」の機能的意義は、未だ明らかではない。緊急の課題がない状態において、過去の体験を思い出して整理したり、新しい発想を生み出したり、あるいは未だ明らかになっていない何らかの「メンテナンス」的な作業をしているのではないかと考えられる。

ドイツのグループによる最近の研究によると、脳の中では、現実と仮想が、右の「デフォールト・ネットワーク」との関係において区別されている可能性がある。この実験では、被験者の家族や友人など実在する親しい人物、アメリカのジョージ・ブッシュ大統領（当時）などの実在する有名人、それに、「シンデレラ」などの仮想の存在についての文章を読ませ、その文章の内容が可能かどうかの判断を「イエス」か「ノー」かの二択で行わせた。

例えば、「私は昨日シンデレラの夢を見た」ということは可能なので、答えは「イエス」となる。一方、「私は昨日シンデレラと話した」というのは現実には不可能なので、答えは「ノー」となる。右の文章における「シンデレラ」を家族や友人の名前、あるいは「ジョージ・ブッシュ」で置き換えると、どちらも可能なので答えは「イエス」となる。このような認知判断をさせている時の被験者の脳活動をｆＭＲＩ（機能的核磁気共鳴画像法）によって計測して、差異を解析したのである。

その結果、シンデレラのような仮想の存在に比べて、「ジョージ・ブッシュ」や「家族、友人」のような現実の人物の方が、脳のデフォールト・ネットワークを活性化させることがわかった。「家族、友人」によるデフォールト・ネットワークの活性化は、「ジョージ・ブッシュ」に比べても、さらに大きかった。ある情報に接した時、デフォールト・ネットワークがどれくらい活性化するかということが、「現実」と「仮想」の峻別（しゅんべつ）に関与しているらしいということが示唆されたのである。

この実験結果は、次のように解釈されている。家族や友人のような近しい現実の人物については、脳の中にさまざまな情報が蓄積されている。これらの情報は、被験者にとって実際の行動に関わるという側面から見ても、また感情的反応を喚起されるという視点から考えても、「自我」に近しいものである。だからこそ、「自我」を支えるデフォールト・ネットワークが活性化する。

一方、ジョージ・ブッシュのような有名人については、メディアの中でその人となりや、家族構成、その思想などが報じられ、それなりに豊かな情報が脳の中に蓄積されている。ジョージ・ブッシュに対する自分自身の感情的反応についても、ある程度の蓄積がある。このため、情報が入ると、デフォールト・ネットワークが活性化する。しかし、その程度は、家族や友人に対するほどではない。

シンデレラのような仮想の人物については、それに関する情報が、「物語」といった文脈の中でのものに限られている。このため、脳の中に蓄積されている関連する記憶が少ない。したがって、仮想の人物に関する刺激が脳に入ったとしても、デフォールト・ネットワークはあまり活性化しないと考えられるのである。

現実と仮想の区別に関するこの研究は興味深い。科学研究は、平均的な「標準脳」を対象とする。脳の性質は、統計的に有意な経験事実の積み重ねによって理解される。標準的な脳に関して言えば、「仮想」の人物は「自我」を支えるデフォールト・ネットワークをあまり活性化させない。だからこそ現実感がないと考えて良さそうである。

逆に言えば、「仮想」が「現実」と同じくらい、あるいはそれ以上の意味を持つ「サヴァン」(註　サヴァン症候群。知的障害や自閉性障害のある者の中で、記憶力や計算能力など特定の分野に限って、尋常ならざる能力を発揮する者の症状)や、芸術や科学における「天才」の脳では、少し異なる作用が働いているのではないか。

もし、仮想と現実が絡みあう偶有性のダイナミクスこそが精神を豊かにするものだとすれば、私たちには、現実の人物に関するのと同じくらい、仮想の人物に関していきいきとした情報を脳の中に蓄積するという道もあるのではないか。実際、あたかも登場人物が乗り移ったかのように迫真の物語を描く小説家の脳の中では、仮想の人物が、現実のそれであるがごとく大きな位置を占めているのではないか。そんな実験はまだないけれども、すぐれた創造者の脳の中では、仮想の事柄によってもまた、デフォールト・ネットワークが現実に対する反応と同じように活性化されているのではないか。

現実は、私たちの生存を支える不可欠な条件である。しかし、仮想が現実に比べて劣るというのでは決してない。モーツァルトやアインシュタインといった創造的天才の中では、むしろ仮想が現実よりも魂に近しかったのではないか。それは、かつてプラトンが示唆した道でもある。

今ではすっかり遠くなってしまった、歳末の空港の女の子。あの時、彼女は間違いなく、まるで現実の人物であるかのように、サンタクロースのことを語っていた。彼女は、洞窟に映る影ではなく、イデアそのものの方に向き合っていたのだ。

サンタクロース再び。私たちは現実と仮想の区別を学ぶことで、経験主義に根ざした大人になる。その一方で、創造とは両者の垣根を取り払う逆説の中にある。「偶有性の自然誌」の本質は、サンタクロースを現実の中に呼び返すことで初めて見えてくる。

家族や、親しい友人たち。そのような現実の人たちと同じくらいに、サンタクロースを自我の中枢に接続し、引き受けること。偶有性の海を泳ぐ私たちに、プラトンのイデアは見えているか。

第七章　かくも長い孤独

「私」に必然性はない

自分自身が、この世界の誰でも有り得た、「今、ここ」の自分であることには必然性はないという（恐らくは最終的に正しい）知覚は、私たちの存在に対する疑義の根幹に横たわっている。

ある時、スタイリストの人と話していて、こんなことを聞いた。

「最近の高校生の女の子は、母親に、なぜフランス人と結婚しなかったのか、そうすれば、私はハーフになることができたのにって問い詰めるそうなんです」

それは、あるいは都市伝説の類いかもしれない。そんなことを言う高校生が、実際のところどれくらいいるか判らないが、私は面白い話を聞いたと思った。

そもそも、日本人どうしの結婚から生まれた自分であるから、今のような姿、かたちをしているのであって、「ハーフ」になってしまったら、今の自分は消えてしまう。そのように考えるのは当然の理屈だが、夢見る乙女にだってそれくらいのことは判っているわけだろう。

「お父さんがフランス人だったら、私はハーフだったのに」と考える女子高生の胸の中には、論理で一刀両断できないもう少しやっかいな心情が渦巻いている。そこには、「私は他の人でもあり得た」「その場合の私も、今の私と全く同じ権利をもって、私であった」という予感が潜んでいる。その時、「私」という存在の真ん中に、「偶有性の嵐」が吹き始めるのである。

「フランス人だったら」という言い方は、日本の社会の中である特定の含意を放つが、それはあくまでも一つの例に過ぎない。この場合に「瞼の父」として想定されるのは、中国人でも、ケニア人でも、オーストラリア人でも良い。自分が他の文化圏に生まれていたらどうだったか、というのは誰の胸にもよぎる一つの幻想であろう。異性を意識し、自分の容姿についてあれこれと思いわずらうことの多い思春期であればこそ、「私が全く違う他の誰かだったら」という夢想には、切実さが宿る。

「私がもし別の人だったら」と考える時に、そのような仮想がたとえかりそめにも可能なのはどうしてだろうか？　可能なだけでなく、私たちの胸がざわざわと騒いでしまうのは、何故なのだろう？

他の人であったらという想像が、人間の仮想する能力の一部分であることは確かである。人間の想像力というのはやっかいな性質と可能性を持っていて、古今東西のあらゆるものに自分がなることを想像することができる。人は、「自分が山だったら」と空想することも、「フィリピン沖で発生した台風だったら」と思い描くこともできる。

世の中には実際、変わり者がいる。私の親しい友人で、時間論の哲学をやっている男は、ある時、「私は空に輝く星にはなりたくない」と言った。「私は、むしろ、星たちが輝いている、その背景となる暗闇でいたい」と彼は言ったのである。

私たちは、ついつい空に輝く恒星のまばゆさに目を奪われてしまいがちである。しかし、それではこの世界の万有が放つかぐわしい香りの一部分にしか到達できない。人は、確かに、自らが星々が輝く背景となっている大宇宙の暗闇となることを想像することができる。自らがそれほどの暗闇であることを想像すると、何となく肝のあたりがひんやりとしてくる気がする。あまりの広がりにくらくらと見当識が失われる。それでいてしっとりとした親近感も覚える。

恒星の輝きだけに目を奪われる浮薄な人の多い世間に「私は暗闇になりたい」と言った哲学者の友人を置いて見ると、実に立派である。友人として頼もしいと思う。とりわけ、彼自身の生き方を考えるとその言葉には説得力がある。彼は、職場で知り合った現在の奥さんとの結婚を機に「哲学に専念するため」と称して「寿退職」してしまった。

彼は科学史・科学哲学の大学院の修士、博士課程に「表裏」（計九年間）在籍した。そして、博士論文を書くこともなく単位取得退学した。その後の一時期、大学での非常勤の職を得たが、基本的には「無職」という生き方を貫いている。私を始めとして友人たちは最初は心配していた。論文を書いたら良かろう。大学に職を得たらどうか。しかし、本人が宮崎アニメの「トトロ」が森の中で眠っているように泰然としている。それで、私たちもそのうちに諦めてしまって、「あいつはそういうやつなんだ」と思い始めた。

言葉は生活の果実である。彼のような生き方をしているからこそ、「私は、むしろ、星たちが輝いている、その背景となる暗闇でいたい」というような言葉が出てくるのであろう。この印象的な言葉については彼自身も気に留めていたらしく、この言葉を聞いてから十数年経った最近になって、「あの時オレはお前にこんなことを言ったろう」と自ら振り返った。

とびっきりの真実は、時に猥雑な生活の場から遠い。人は、自分が「夜空の暗闇だったら」と想像することはできる。しかしそれは、所詮、詩的別天地の中に遊ぶ風狂の心に過ぎぬのかもしれない。そもそも、すべての人に、私の哲学者の友人のような生き方を勧めるわけにはいかない。

「私が別の人だったら」と考える時に感じる私たちの目眩は、切実で私たちの存在の根幹に関わるものである。疑いもなく、そこには、私たちの存在自体をゆるがす何ものかの禍々しい、そして場合によっては祝福に満ちた気配がある。

同じく「暗闇だったら」と考えるのでも、大宇宙の星空に仮託するのではなく、具体的な人になぞらえる時、私たちの胸の中には性質の異なるざわめきが生まれてくるかのようである。

夏目漱石の『三四郎』には、「偉大なる暗闇」として広田先生が出てくる。三四郎や与次郎にさまざまな教化を及ぼしつつも、自らは光ることなく明治の東京でひっそりと暮らす広田先生。鉄道で東京に出て行く三四郎に、「日本より頭の中の方が広いでしょう」と言い放った広田先生。その人柄を慕われつつも、ついには「出世」というものからは縁遠かった広田先生。

作中、漱石がもっとも親近感を覚えている人物は恐らくは広田先生である。もし、自分が広田先生だったら。文明開化の中、皆が野心的に動き回る東京で、大切にするものが「新時代」と合致しないがために、取り残されたような広田先生の寂しさを思うと、とてもたまらないような思いもあるし、むしろそのような境地以外には人生の本当の味わいはないようにも感じる。

「個人」は存在するのか

「もし、私が他の人だったら」

そのような仮想の前提になっているのは、逆に言えば本来は私たち一人ひとりが、他の人とは異なる、独立した人格であるということである。実際、近代以降の社会においては、

「個人」がすべての出発点となっている。社会を構成するのは「個人」であるし、行動し、その結果が評価されるのも「個人」である。家族ですら、「個人」の集合体である。

一人ひとりが他の人とは交換不可能な存在である。そのような考え方は、いわゆる「個人の尊厳」と大いに関係する。私たち一人ひとりは、かけがえのない存在である。かけがえのない存在として、尊重と、敬愛を受ける立場となる。そのような考え方が、現代の文明の根底にあると言えよう。

理論生物学を専攻する私の友人は、ある時、「個人の尊厳」についてこんなことを言った。「個人の尊厳」というものは、突きつめていくと国宝などの文化財のかけがえのなさに似ている。国宝が壊れてしまえば、もう取り返しがつかない。一人ひとりの人間のかけがえのなさは、そのような価値のあり方と似ている。

どんなに凡庸に見える人でも、世界にはその人ひとりしかいない。そのような感覚を、私たちは確かに抱いて、現代という時間を生きている。

日本では、個人主義が浸透していないという意見もある。しかし、社会における基本的な考え方としては、日本においてもむろん、「個人」を基礎にものを考えるようになっているのではないだろうか。

大学で教鞭を執るある学者に聞いた話である。近代以降の社会の前提になっている、「私」という個人が確固たるものとして存在するという考え方を批判すると、学生たちは大いに喝采するという。いつの時代も若者は、目新しい考え方に感激するものである。「私」などというものは幻想に過ぎない。世界は、本当はもっと自由である。そして、「私」と「環境」の間には、本当は区別はない。「私」にこだわってしまっては、創造的なことはできない。そのような考え方を紹介すると、そうだそうだと大いに同意するという。

この話にはオチがある。授業の最後に、「君たちは、個人というものが幻想に過ぎないことに同意するんだね」と聞くと、学生たちは頷く。「それじゃあ、君たちがいくら試験勉強をしても、そのことと君たちの成績が全く関係がなくなってもいいんだね」と言うと、戸惑うような表情をする。「大学入試も、君たちがどれくらい勉強したかに関係なく決まるということでいいね」「借金をした人は、別に個人なんてないんだから、返さなくてもいいね」「どれほど素晴らしい成果を上げたとしても、個人などないのだから、それによって社会から評価されることもない。それでいいんだね」「犯罪者も、何しろ個人というものはないんだから、処罰されなくてもいいんだね」と畳みかけると、「それでは困る」と学生たちは言う。「個人など幻想だ」と随分威勢がよかったのが、急に悄然としてしまうのだという。

学生たちが育ってきた現代の社会は、個人の努力によって、社会から与えられる報酬が異なることを前提としている。成果主義。自由競争。どれも、それぞれの主体の個別性がはっきりと認識され、しかもその峻別が維持されなければ成り立たない。個人は個人であり続ける。そのようなイデオロギーを、まるで空気のように吸って私たちは育って来ている。

禅僧の南直哉さんによれば、まさにそのような「個人がその営み次第で、社会の中で評価、処罰といった報いを受ける」という「クレジットのメカニズム」自体が、禅の修行においては問題とされるのだという。南さんが修行した永平寺では、誰かが何かをしたから報われるとか、処罰されるとか、そのような個人を前提にした思考の枠組みが解体されてしまうのだという。自分が何をしようとも、どれほどの善行を積もうとも、そのことによって自分に対する評価が高まるということはない。一種の不条理のようであるが、そのような文脈に投げ込まれなければ気付かぬことがあるのだから仕方がない。そのような状況に直面して初めて、人は近代を覆っている「個人」の考え方がいかに深く自分の意識の中に浸透してしまっているかということを悟る。そこから、禅の修行が始まる。

ポストモダニズムの思想においては、「個人」もまた脱構築されているようである。「私」は存在しないなどと言い切る論者も散見する。しかし、「私」と「他者」の区別は、今日の社会において厳然として存在する。「個人」という考え方なしでは、私たちの社会は一日たりとも進行しないのである。その意味では、この世の実態を無視した「斬新」な思想は、始めは威勢が良いがあとで悄然とする学生たちのようなものになりかねない。

時代精神は移ろいゆく。歴史を振り返れば、確かに、個人という考え方があまり強くない時代もあったかもしれない。大英博物館にある名品の一つ、古代アッシリアの『ライオン狩り』の巨大なレリーフは、ライオンを狩る人々の姿を描く。狩りに出る人間たちは、すべて横顔で描かれる。彼らは一様に無表情で、どれも同じように見える。矢が刺さり、死に行くライオンたちの有り様の方が、むしろ個性的ですらある。似たような精神性は、古代エジプトのある種の絵画にも感じることがある。

むろん、古代アッシリアの人たちにも、個人の概念がなかったわけではあるまい。人が社会をつくるところ、所有の概念があり、家族や血縁ができる。誰が誰の子どもか、彼らが気にしなかったとは到底考えられない。しかし、『ライオン狩り』の絵画表現から判断するに、一人ひとりが交換不可能なかけがえのない個人であるという考え方は、それに呼応する絵画表現を生み出すまでには成熟していなかったようである。

現代は、「個人」がなければ昼も夜も明けない。スタジアムに野球の観戦に来ている人たちの顔を、古代アッシリアの『ライオン狩り』と同じような手法で、すべて同じ表情で描いたとしたら、見る者に違和感を与えるだろう。どんなに平凡な人でも、自分が「個人」として扱われることに慣れている。それが、現代の時代精神である。資本主義はそうでなければ成り立たなかったのだろう。

私の等価性

私たちは、一人ひとりが「個人」としてこの世界に投げ出されている。現代人は、そのように考える。

しかし、そのような世界観は、いわゆる「独我論」とは必ずしも一致するわけではない。独我論においては、乱暴に言ってしまえば、この世界で意識を持っているのは「私」だけであると考える。より丁寧に言えば、この世界で意識があることが確実なのは、「私」だけだと考える。論者によっては、世界は、「私」がそれを認識する限りにおいて存在するとする。「私」が死んでしまえば、世界もまた消滅する。そのように考える。

哲学的には、独我論は十分に成立する思考の道筋である。それがどれほど直感に反するとしても、論理的にそのようなことは確かに可能である。独我論の当否について議論することはここではしない。いずれにせよ、独我論はいささか過激な思想である。「個人」という概念を空気のように吸って生きている現代の私たちにしても、独我論を本気で信じている人は少ないだろう。

「意識」には、私秘性がある。私が感じている「赤」の「クオリア」が、彼が感じている「赤」の「クオリア」と同じであるということを確認する方法はない。他人に意識があるということを、確実に検証する方法はない。しかし、私たちは、おそらくは他人にも自分と同じような意識があるだろうと考えている。

「もし、私が他の人だったら」

このような仮想の背景にあるのは、他人にも自分と同じようにうち震える意識があるという前提である。「今、ここ」に自分がいるという逃れようのない思い。やり切れない気持ち。そのような自分の状況と全く同じ状況が、他人にも存在していると考える。だからこそ、「私」が「彼」の立場になれば、「今、ここ」の「私」の意識と同じような魂のうち震えのただ中に置かれるのだと予感する。私たちは、「もし私が他人だったら」という仮想に、魂を揺さぶられるような思いを抱くのである。

そもそも、「私」の意識を支える脳の仕組みから考えれば、「私」の意識と、「他人」の意識の間に、それほど大きな違いがあるわけではない。自我の中枢である前頭前野を中心とする、志向性や注意、意図、ワーキングメモリといった意識を支える認知プロセスについて見れば、その本質において「私」と「他者」の間に大きな差異があるわけではない。

人間は鏡の中のイメージを自分のそれと認識することができる。顔の認識に関わる大脳皮質右半球の紡錘状回(ぼうすいじょうかい)は、脳のすべての領域の中でもっとも詳細な部分まで視覚上の特徴を見分けることができる場所である。このため、「自己」のイメージとして、私たちは自分の顔を張り付ける。実際には自分の顔をいつも見ていることはできず、周囲の親しい人

でもなお、
置かれた状況
父親に接す
る時、兄、姉……つ自分を変え
ることを知っている。このような機会において、文脈……格を変えてい
く働きを担っているのは、前頭葉の眼窩前頭皮質を中心とするネットワークである。

生まれ落ちてからの記憶もまた、「私」のイメージを作る上で欠かせない要素である。同じ部屋にいても、人の数だけ異なる視点がある。現実の切り取り方も、それぞれ異なる。ましてや、それぞれの人生の経験はそもそも違うのだから、脳の中に痕跡として残る記憶も当然相違する。その分岐の数は、天文学的なものとなる。

顔や人格、記憶。このような「私」を構成する要素を少しずつ外していくと、そこには世界に向き合い、感じている自我の中枢が現れる。「私」という存在は、この自我の中枢に「私」を構成する具体的な要素が少しずつ「串刺し」にされていくことで生み出されていく。

「私」に関する一つのパラドックスは、その中心に近づくほど不可視となり、明示的なかたちでは把握することができなくなり、いわゆる「個性」が消えていくことである。

「私」の中核には、無色で透明な何ものかがある。その構造がなければ「私」の意識もない。しかし、その構造自体が「私」の個性を支えているわけではない。むしろ、見かけ上の「私」と「彼」の違いとは全く関係がなく、同じようなかたちで自我を支えているものである。

アメリカ人である「彼」と、日本人である「私」の間には、大いなる違いが横たわっているように見える。一方、一卵性双生児である「彼」と、その片割れである「私」の間には、外見や声の調子、性格などの類似点があるように思われる。このような対照的な二つのケースにおいて私たちは表面上の特徴につい目を奪われてしまいがちである。しかし、意識の根本の成り立ちを考えれば、本当は差異など存在しない。どの人にも共通した、無色で透明な何ものかが、「私が私であること」を支えているのである。

最も根本となる中核的構造において、「私」の自我の構造と、「彼」の自我の構造は、等価である。等価であるからこそ、「もし私が彼だったら」と想像することで、人は偶有性の嵐が胸の中を吹き荒れるのを感じる。

「あなた」とバラク・オバマ大統領の自我の中枢には、同じ構造がある。「あなた」とパリス・ヒルトンの根本にある、うち震える「私」の成り立ちは同じである。その意味では、「あなた」とバラク・オバマ大統領とパリス・ヒルトンは、すべて同じ「私」なのだ。たとえ表面上は、大いなる差異があるように見えても。

なぜ電子はすべて同じ質量なのか

十人十色というように、人の性質はさまざまである。しかし、「意識」を成り立たせている根本的なメカニズムに鑑みれば、そこには驚くほどの統一性がある。類似性がある。物質の成り立ちにおいても似たような事情がある。私たちが住むこの世界は確かに多様である。しかし、すべての物質は、それを構成する原子という視点から見れば、わずか百二十種類足らずの元素の組み合わせによって作られている。

元素は、さらに小さな素粒子によって構成されている。素粒子の世界においては、多様性よりも均一性の方が目立つ。例えば、宇宙の中にある電子は、すべて同じ質量と電荷を持っている。原理的に言えば、さまざまな種類の質量や電荷があっても良かったはずである。しかし、宇宙の中の電子は、なぜかすべて同じ質量と電荷を持つのである。

なぜ、宇宙の中にある電子はすべて同じ質量なのか？　この素朴な疑問に答える独創的で意外な仮説を、量子電気力学の研究でノーベル物理学賞を受けたアメリカの物理学者、リチャード・ファインマンが紹介している。もともとは、ファインマンと交流のあった偉大な物理学者、ジョン・ウィーラーが電話での会話の中でファインマンに示唆したものであるという。

ウィーラーが与えた答えは、ファインマンによれば次のようなものである。

「世界の中の電子は、すべて同じ質量と電荷をもっている。なぜならば、世界の中には、電子は一つしか存在しないからだ」

世界の中には電子は無数にある。家庭用のコンセントにプラグを入れれば、電子が移動し、電流が生じる。そこにはたくさんの電子が介在しているわけであるが、そのすべてが同じ質量と電荷を持っている。ウィーラーによれば、それらは実はすべて「一つの電子」だというのである。

ウィーラーの大胆な考え方は一見常識に反するが、その本質においてシンプルなものである。ウィーラーの説を理解する上では、電子のような素粒子が世界の中を動き回る際に持つ性質に触れておく必要がある。

粒子に対してその「ペア」となる存在として、「反粒子」というものがある。反粒子は、粒子と比べると質量や「スピン」(素粒子の持っている性質の一つ)は等しいのであるが、帯びている電荷がちょうど反対なのである。

電子には、「陽電子」と呼ばれる反粒子が存在する。陽電子は、質量は電子と全く同じであり、スピンも同じ値を持つ。ただ、電子がマイナスの電荷を帯びているのに対して、陽電子は同じ大きさのプラスの電荷を帯びているのである。

「粒子」と「反粒子」は、もし衝突するとどちらともこの世界から消えてしまう。その代わりに、光が生成される。アインシュタインの相対性理論により、質量とエネルギーは等価である。粒子と反粒子が衝突して「対消滅（ついしょうめつ）」すると、それぞれの質量がエネルギーに変換されて、光となるのである。

一方、光が、一組の電子と陽電子になる「対生成（ついせいせい）」と呼ばれる現象もある。十分なエネルギーが与えられると、電子と陽電子がそれぞれ一個ずつ生み出されて、それぞれ独立した粒子、反粒子として宇宙の中を移動していく。

私たちの住む宇宙では、なぜか粒子の方が反粒子よりも多く存在する。私たちの周囲の世界には、「電子」はたくさんあるが、「陽電子」は少ない。もっとも、もし電子と陽電子が同じくらいの数あると、お互いに「対消滅」して光となり、消えてしまう。そうなっては、物質が安定して存在しない。

なぜ、この世界には反粒子よりも粒子の方が多く存在するのか。その根本的な理由は、関連する理論はあるものの、まだ完全には判っていない。

物理学の定理によって、粒子と反粒子の関係は、時間の流れと関係していることがわかっている。粒子が「過去」から「未来」に向って運動することと、その反粒子が「未来」から「過去」に向って運動することは同じである。その逆に、反粒子が「過去」から「未来」に向って運動することと、粒子が「未来」から「過去」に向って運動することは同じである。つまりは、反粒子は「時間を逆行する粒子」と見なすことができる。

たとえば、この世界の中にある陽電子は、「未来」から「過去」へと時間を逆行している電子であると見なすことができる。ファインマンは、この重要なアイデアをウィーラーから得たとノーベル賞受賞講演で証言している。

さて、ここまで粒子、反粒子の性質を見てきたことで、ウィーラーの「この宇宙に存在しているすべての電子は、一つの電子である。だから、質量や電荷がすべて等しい」という大胆な仮説を説明する準備ができた。

今、私たちが住む過去から未来に向って時間が流れる宇宙の中に一つの電子があったとする。この電子は、私たちの近くの時空では電子として振る舞っているかもしれないが、いつか、遠い未来において、反粒子である陽電子と出会い、対消滅してこの世界から無くなるかもしれない。あるいは、遠い過去に遡れば、どこかの時点でこの電子は光から対生成によって陽電子とともに生み出されたのかもしれない。

もし、世界の中の電子が、すべて過去のある時点で光から陽電子とともに対生成し、また未来のある時点で陽電子と衝突して対消滅するとすると、理論上は、次のようなことが可能になる。すなわち、たった一つの電子が、時間の中を未来へ向かったり、過去へ向かったりしてジグザグに運動するのである。

このモデルでは、宇宙の中にある電子と陽電子は、すべて「一筆描き」でつながっている。たった一つの電子が、時間を順行したり、逆行したりすることによって、宇宙のさまざまな場所を運動する。そのことによって、ある時点においては、宇宙のさまざまな場所に、電子が同時に存在するように見えるのである。もともとは一つの電子が、宇宙の中で過去、未来を往復するジグザグ運動をすることによって、たくさんの電子に分裂しているように見えるのである。

もっとも、このモデルの下では、宇宙の中にはちょうど同じ数の電子と陽電子が存在することになる。ファインマン自身もこの欠点をウィーラーに指摘しており、そのために、ファインマンはウィーラーの説に最終的には同意するに至らなかった。

かくも長い孤独

世界にはたくさんの人たちがいる。今や世界の人口は六十五億人を突破している。それらの人たちが、一人ひとり、「今、ここ」にいる「私」の存在をいわば絶対的なものとして受け入れている。私たちは、それぞれの身体と脳の中で、固有の意識体験を持っている。そのありさまを想像すると、とてつもなく巨大な万華鏡のよう。まさに壮観だとしか言いようがない。

相対性理論を創ったアルベルト・アインシュタインは、ある人の価値は、その人が自分自身からどれくらい解放されているかということで決まると言った。アインシュタインの命題は、倫理的な要請であるというよりは、むしろ一つの厳密なる現実認識である。

ウィーラーの大胆なモデルは、世界のすべての電子をたった一つの電子の運動として説明した。ファインマンの指摘するように、ウィーラーのモデルは粒子と反粒子の間の非対称性を説明できないなどの欠点を持つ。その一方で、深く考えさせる契機も含む。世界は、なぜ空間的には独立しているが本質的には等価なものから出来上がっているのか。この大いなる謎は、私たちの前に根本問題として立ちはだかっている。

私たちの意識を成り立たせるメカニズムもまた、根本的には同一の契機である。顔や人格、記憶といった「表面上」の因子を除去していく時、「私」という意識の成り立ちは、たった一つとなる。その意味では、この世界には唯一の「意識」しか存在しない。

常識的には、「私」と「彼」の意識は違う。「私」は「私」であって、「彼」の意識とは異なる。だからこそ、漱石のように自我に囚われて悩む。則天去私の世界にあこがれる。しかし、常識を離れて、世界の根本的な成り立ちに寄り添って考える時はどうか。世界には、本当は一つの意識しかないのではないか。

私の哲学者の友人は、自分を星々が輝くその背景となる宇宙の暗闇になぞらえた。自分のことを、真空中を運動する電子だと考えたらどうか。私は間違いなく「今、ここ」にあるこの電子であり、他の電子とは違うと思うのではないか。むろん、常識的には電子には主観性は宿らない。私の魂が、電子に宿るということもない。しかし、宇宙の中にある電子が、どれも全く同じ成り立ちであるにもかかわらず、空間的には絶望的なほど隔てられているという事実と、私たちの意識の孤立ぶりの間には、単純なるアナロジーではかたづけられない内的共鳴があるように感じる。

「粒子」に対して「反粒子」があるのと同様には、「意識」に対して「反意識」を考えることはできない。従って、ウィーラーにならって、一つの意識が、時間を順行したり、逆行したりしてジグザグに「意識」と「反意識」を作ったり消滅させるといったモデルを考えることはできない。しかし、将来の人類の知的発展が、一体どのような世界観をもたらすものかわかったものではない。

「もし、私が他の人だったら」という仮想に目眩を覚えることができるということ自体が、「私」と「他者」の間の意識の相同性を示唆する。

「私」の成り立ちの根底には、まだまだ多くのサプライズが潜んでいることであろう。物質である脳に意識が宿ること自体が一つの驚異なのであるから、その驚異を解消するためには、よほどの「反驚異」を準備しなければならない。「驚異」と「反驚異」を「対消滅」させなければならない。

それにしても、私たち一人ひとりの意識の孤立ぶりは、絶望的なものである。現代の脳科学は、共感や利他主義といった、利己的な世界観を超越する契機を持ち出して、人間の社会性の起源を解明しようとする。しかし、そのような微温的なアプローチでは、私たちの孤独に対する根本的な解毒剤にはなりそうもない。ウィーラーの一電子モデルのような根本的な世界観の変化を経由して初めて、私たちの孤独は癒されるのであろう。

二〇〇八年、コスタリカに取材旅行をした。その時に手にしたフィリップ・デヴリーズ著『コスタリカの蝶とその自然誌』という一冊の図鑑がある。たしかシジミタテハ科の種だったと思うが、次のような解説があって、心の芯を貫かれた。

「この蝶は、森の中で、希な、単独行動をする個体として見いだされる」

熱帯雨林は生物多様性によって特徴付けられる。同じ種の蝶は、なかなか近くにはいない。だから、それぞれの個体は森の中で一人ひとりが単独行動をする。この記述が私に強い印象を与えたのは、つまりは現代の人間の状況に似ていると思ったからである。

かくも長い孤独。物質である脳からいかにして意識が生まれるのか。この問いは、とびっきりの知的チャレンジであると同時に、私たちのこの世界における孤独のやり過ごし方にかかわる何らかの工夫にも関係していると、近頃思えてならないのである。

第八章　遊びの至上

最良のパフォーマンスはいかにして生まれるか

人間というものは、自分の存在が懸かった闘いの現場では、ついつい真剣に構えてしまう。生きる上での当然の反応とでもいうべきもの。しかし、その一方で、せっかくの努力が結果として「部分最適」に過ぎないことになってしまうことも多い。

現代人の生活で言えば、会社の浮沈がかかったような重要な商談の場。あるいは、自分の昇進がかかったプレゼンテーション。目の前の人に好いてもらえるかどうかで、自分の幸福が左右されるという恋愛の「真実の瞬間」。私たちはどうしても緊張し、その緊張の中で自らの全力を尽くそうとする。

しかし、そのような態度が、最良の結果につながるかといえば必ずしもそうではない。できるだけうまくやろうとする余り、かえって思わしくない結果に陥るのである。

目的に「居付いて」はならない。心身を柔らかく保たなければならない。何よりも、脳や身体の運動は、あらかじめ意識的に「目標」を設定し、それに向って「制御」をするという形式にそぐわない。どのような事態に至るかわからないという「偶有性」を前提とし、柔軟に対応できるような構えでいなければ、脳の潜在能力が発揮できないのである。

二〇〇九年八月十六日。ウサイン・ボルトは、ベルリンで行われた陸上の世界選手権百メートル決勝で、九秒五八の驚異的な世界記録を作った。「人類は、これ以上は速く走ることができない」という私たちの固定観念をやぶった、爽快な瞬間であった。

ボルトの競技の様子を見ていて強く印象付けられるのは、非常にリラックスして走っていることである。競技直後に見せる、トレード・マークともなった「稲妻」のポーズ。ぎりぎりの勝負の後に、そのような余裕を見せることができるということは、すなわち、ボルトがいかに心身をやわらかく保ってレースに臨んでいるかということを示している。

あまりにも大きなものが懸かっている時、私たちの心身はこわばりがちである。この日のために懸命に苦しいトレーニングを積んできた。勝利するかどうかで、自分の選手としてのキャリアが変わる。金メダルをとれば世間からの評価も激変。名誉と富を獲得することができる。

結果のいかんによって、自分の生の充実が左右される。そのような時にも、がちがちに入れこんでしまっては、かえって実力のすべてを発揮することができない。勝っても負けてもかまわない、結果はどうなっても良い。そんな風に、ある意味では「投げやり」になりつつ、しかし一方では集中を保つ態度が、最良のパフォーマンスに通じる。

スピードスケートの清水宏保さんにうかがった話では、世界新記録が出る時には、精一杯がんばっているというよりは、むしろ「流している」感覚なのだという。集中している時には、自分が走るべきコースが光って見える。そのような極限的な状態にありながら、心は澄んでいる。ある意味では、この世界の有限なあり方から解放されている。

そのような浮遊感の中で、人は最良の自分に出会うらしい。

「フロー状態」という極限

ウサイン・ボルトや清水宏保が競技中に経験する心理は、アメリカの心理学者チクセントミハイが提唱する「フロー状態」に相当するものと思われる。

フロー状態とは、人々が、自分のやっていることに没入して、最良のパフォーマンスを示すことを指す。

チクセントミハイによれば、フロー状態が成立するための条件とは、次のようなものである。

明確なゴール。集中していること。自己意識から解放されること。主観的時間感覚の変容。技術レベルと、挑戦していることの難易度の間にバランスがとれていること。自分自身が、状況をコントロールしているという感覚。行為そのものに、注意が向けられていること。

フロー状態は、スポーツの分野だけにあるのではない。ウォルフガング・アマデウス・モーツァルトの作曲のプロセスは、伝えられるところから想像すれば、一つのフロー状態であった。苦労せずに、シンフォニーの全体がいきなり目の前に現れる。即興演奏をする時にも、自分の行為の中に没入して、ことさらな自己意識を持たない。

夏目漱石が『吾輩は猫である』『坊っちゃん』『草枕』といった初期の傑作群を書いたそのプロセスも、一種のフロー状態であったと考えられる。『坊っちゃん』『草枕』については、一、二週間という驚くべき短期間で脱稿したと伝えられる。これらの作品が、日本の近代文学史上画期的なものであることは間違いない。それらを構想し、完成させることは、日本語の表現宇宙の中での、「百メートル九秒五八」に相当するような偉業であった。その難しい課題を、夏目漱石は、あたかも軽々と氷上を滑るようにやってのけたのである。

「フロー」という視点から見れば、天才とは「存在」のことではなく、「状態」のことである。誰でも、その技術や知識のレベルに応じて、「フロー」の領域に達している時には、その限りにおいて天才となる。もちろん、その営為が人類の歴史全体から見てどのように評価されるかということは、また別問題である。いずれにせよ、人は、フロー状態に達した時に、自らの限界をやぶって次のステージに達することができるのである。

遊びの精神

フロー状態について考察していると、その最良の性質は、子どもの時に無心で遊んでいたあの無垢な時間のそれときわめて似ていることに心打たれる。

スポーツであれ、芸術であれ、学問であれ、人はその意味を考えてとかく生真面目になってしまう。しかしそれではフローから離れてしまう。後に見れば仰ぎ見るべき偉大な業績を残した人も、その活動の「星の時間」のただ中においては、むしろその事績の意義をことさらに意識しない。遊びの精神が支配的なのである。

私たちは、誰でも、子ども時代の遊びの経験を持っている。ただ問題となるのは、とかく生真面目になりがちな大人の時代において、子どもの領分がどれくらい維持されているかという点にある。

後世に語られるようなすぐれた業績を残した人は、この、子どもの遊びの感覚を持ち続けている者が多い。ここには、人間精神の本質に関わる、ある叡智が潜んでいる。

京都で哲学者、歴史学者の梅原猛さんにお目にかかった時のことである。

梅原さんと、コンピュータ・ゲームの話になった。「ぼくはやらないけれども、面白いんでしょうな」と梅原さん。それから、梅原さんが子どもの頃にやっていた遊びの話になった。

将棋盤で、駒を振る。出た目によって、ヒットやアウトが決まる野球ゲームを延々とやっていたのだという。もちろん、最初は外からのきっかけがあったのだろう。それを工夫して梅原さんが遊びとして磨き上げた。一日何時間もやっていたことがあるという。

学生結婚した梅原さん。所帯を持った後も将棋盤の野球ゲームをやっていた。毎日遊んで、ノートに、「試合」の結果をびっちりと書き込んでいたのだという。ある日、奥さんに見つかった。「あなた、何をしているのですか」と怒られた。奥さんの気持ちはわかる。一家の大黒柱がまだ学生をしている。それも、世間的に見れば「何の役に立つのかわからない」将棋盤の野球ゲームをしている。

一人遊びの「試合」結果をびっしりと書き込んだノートが奥さんに見つかる。梅原さんも、さぞ極まりが悪かったことだろう。私はこの話を聞いて、心の底から感嘆した。そこに、梅原猛という人の重大な秘密があるように感じた。

『隠された十字架　法隆寺論』や『水底の歌　柿本人麿論』などの著作を通して、独創的な着眼点に基づく劇的な歴史論を展開してきた梅原猛さん。

歴史学と「将棋盤の野球」の遊びは、一見無関係に見える。しかし、対象にいきいきと向き合い、自らの心身の潜在能力を最大限に発揮するというそのダイナミズムにおいて、学問と遊びは畢竟通じている。

遊びに夢中になっている時に、子どもたちの心はフロー状態を経験している。意味を離れた没我。むろん、それが世間的に意味があることかどうか、ましてや人類史的に見て意義があることかどうかはわからない。それでも、無我夢中で遊んでいる子どもの心には、きらきらと光る「星の時間」が降り立っている。

織田信長と偶有性

遊びとは、「何が起こるかわからない」という、人生の偶有性に対する一つの態度である。遊びにおいて、私たちは生の偶有性の核心にもっとも近づく。だからこそ、遊びは生産的である。そして、だからこそ、遊びは、危険な契機を含んでいる。

秩序は、生の安全を保障するためにはある程度必要なことである。秩序が不用意に解ければ、生自体が危うくなる。生きるということは、常にエントロピー（乱雑さ）が増大し続けるという熱力学の第二法則に抗するということ。したがって、ある程度の秩序維持機能は、生命や組織一般において、どうしても不可欠なこととして立ち現れる。

しかし、秩序の中に留まっていては、創造はできない。創造は、むしろ、一度形成された秩序を上手に解きほぐして、それを「再結晶」させることの中にある。その際の行為や感性の文法が、「遊び」という契機の中に見いだされる。

遊びには、無邪気なようでいて、本当はどこか禍々しい印象が伴う。遊んでいるうちに見えてくる、生きるということの核心にある眩しい光輝が、私たちの足下をふらつかせる。遊びには、秩序を紊乱（びんらん）する契機がある。だからこそ、社会は、遊びを「管理」しようとする。そのもっとも典型的な事例は、ありとあらゆるギャンブルであろう。

遊びというものが、生の偶有性の本質に至る道筋であること、そして、それが、本質的に禍々しい契機を含んでいること。そのことは、たとえば、戦国時代における織田信長の事績において見えてくるのではないか。

自分自身の生死や、一国の運命、妻子や家来たちの行く末がかかった合戦は、本来怖ろしいもののはずである。実際、戦国の兵士たちは決して勇猛果敢というわけではなく、合戦前には怯えていたと聞く。凡庸な武将たちであれば、一つひとつの合戦に慎重にかつ緊張して臨んでいったことは想像に難くない。彼らは、生死のかかった闘いを、まさに生死がかかったがごとく闘ったのであろう。その結果、敗れて、この世を去っていったのだろう。

織田信長の事績からは、そのような通常の人間の心理回路を超越したような凄まじい光輝が感じられる。若い時から周囲が理解しがたい言動が多く、「尾張の大うつけ」と呼ばれた。自分の父、織田信秀の葬儀で、祭壇に抹香を投げつけたとされる。このエピソードについては、後世の創作である可能性もあるが、いずれにせよそのような行為に及んでも不思議ではないような、不埒な態度をとる人だった。

信長の行為は、時に大胆不敵である。今川義元の尾張への侵攻によって、劣勢に立たされると、信長は、『敦盛』の一節「人間五十年　下天のうちをくらぶれば　夢幻の如くなり　ひとたび生を享け　滅せぬもののあるべきか」を舞った後で、今川の大軍を、人数において劣る自軍を率いて急襲。今川義元を討ち取って、窮地を脱した。

信長の大胆さは、時に今日的価値観から見れば残虐とも言える処置となって現れる。信長包囲網の一角をなし、頑強な抵抗を続けていた比叡山延暦寺を焼き討ちする。多くの僧侶と文物が失われたこの事件は、後世では信長の蛮行として非難されることも多い。しかし、戦国という時代に吹き荒れた「下克上」という偶有性の嵐から見れば、むしろごく自然な発想だったとも言えるだろう。

何をするかわからない。行軍も驚くほど敏捷である。次にどんな手に打って出るのか、容易に予想がつかない。信長と対峙しなければならなかった戦国大名たちにとって、信長はどれほど怖ろしい存在だったことだろう。信長は、生死のかかった遊びをする大うつけだったのだ。

つい慎重になりがちな合戦の現場において、まるで遊ぶがごとき闊達さをもって襲いかかってくる。信長は、戦国の国盗り合戦という「ゲーム」を、もっとも十全に遊んだ。だからこそ、天下統一の一歩手前までのし上がることができた。そして、その大詰めの段階において、思わぬ裏切りにあってその生は果てた。

明智光秀が本能寺の信長を急襲した「本能寺の変」は、いかにも例外的な事件のように思われるが、実際には信長の人生を貫いていた偶有性の事態の、一つのケースに過ぎない。信長は、どこで命を落としていてもおかしくなかった。たまたま、それが本能寺となったに過ぎなかった。信長の偶有性に対する態度は、豊臣秀吉のそれとも、徳川家康のそれとも違う。信長は、私たちの生を形づくる偶有性というものの根幹を、真っ正面から見据えた人だった。だからこそその波に乗り、後に足をすくわれた。

生の偶有性の渦巻く核心。そこには、変わらずに存在し続け、私たちを安心させるものは何もない。何もないからこそ、不安である。不安だからといって、自らの身を凍らせて、そのままに留まっていては、存在が危うくなる。だからこそ、打って出る。それによって自らの存在が危うくなったとしても、それは仕方がない。生死をかけた遊びを続けることこそが、唯一の存在の形式である。信長の人生からは、そのような覚悟のようなものが感じられる。

信長が、大うつけだったことは事実だろう。しかし、それは、生の真実を知らぬ不感に由来するものではない。むしろ、生きるということの本質を知りすぎていたがために、信長は大うつけとなりおおせたのである。

偶有性なき硬直

偶有性に対して、どのような態度をとるかということが、その人の生の充実を左右し、創造性の行く末を決定付ける。

むろん、偶有性が生み出される文脈は一つではない。親兄弟の間でさえ命のやりとりをする下克上の時代。確かにそれは、偶有性が設定される文脈の一つのあり方ではある。しかし、平和な時代を生きる現代の私たちに直接かかわる、唯一の偶有性のあり方ではない。

もちろん、偶有性に対する態度には、一事が万事に通じるという側面がある。信長が生きた戦国時代が、日本の美術史上において卓越した作品の数々を生み出したことも事実である。茶道具の名品が、時に一国を与えられるよりも価値を持った時代。武将たちの生の偶有性の烈しさが、表現芸術における態度にも感染して、日本の歴史上を見ても最も鮮烈なるさまざまな作品へと結実していったことも、また真実である。

肝心なことは、どのような文脈であれ、その分野における偶有性の核心から逃げないということだろう。

「死ぬか生きるか、命のやりとりをする様な維新の志士の如き烈しい精神で文学をやって見たい」

夏目漱石が、書簡の中で漏らした右の有名な言葉には、激動の明治という時代における文学という偶有性の運動から逃れまいという作家の決意が感じられる。だからこそ、私たちを感動させる。

自らの生の偶有性の核心と向き合って、創造性を全うしたいというのは、私たち一人ひとりにとっての本能、切ない願いのようなものである。一方で、楽をしたいというのも人間の精神の一側面。さまざまな社会制度、組織によって、生の偶有性のむき出しの作用から逃れることに慣らされてしまった人たちは、何のかんのと言い訳を付けて偶有性そのものと向き合うことを避け続ける。そのうちに、何層もの皮膜が精神の上にできてしまって、ついには、偶有性というものはどんなものだったのか、その姿さえも忘れてしまうという事態に立ち至る。

英国のケンブリッジ大学に留学していた時のことである。ケンブリッジに留学している日本人の学者たちが集まる会があるというので、興味を持って参加してみた。異国で一人でいるということに、何某かの寂しさと不安がなかったと言えば嘘になる。

行ってみて愕然とした。どよんと淀んだ雰囲気が流れている。会話の内容に耳を傾けて、その理由がわかった。

話題といえば、まずは出身校のこと。何々先生はどこそこ大学のなになに学科を出ている。おお、やっぱりそうですか、じゃあ、某先生と一緒ですな、それはそれは、などとうれしそうに話している。

あげくのはては、日本の学内人事の話。

「今年は、本当は私の学科ではなくて、お隣の○○学科の先生がサバティカルで留学する予定だったのですが、どなたも希望する方がいらっしゃらなくて。それで、私にお鉢が回って来たというわけで。私はラッキーだったのですが、これで、私の学科からはしばらくサバティカルをとることができなくなるので、何だかもうしわけなくも思っているんですよ」

「そういえば、何々先生は、今度は学科長になられたんじゃなかったでしたか」

「いやあ、私は、別にやりたくはなかったのですが、選挙でそうなってしまって。仕方がないですな」

「それじゃあ、ますますお忙しくなりますね」

「何を言うんですか。某先生こそ、今度は、学会の理事になられたということで」

「あんなものは、持ち回りですよ」

「いや、何を仰るのですか。やはり、某先生の人望が厚いから、御推挙されたんですよ」

そんな話を延々としている。私は呆れた。それから怒った。こいつらは、イギリスくんだりまで来て、一体何をしているのか。このテンションの異様な低さは何か。義憤の余り、私は無口になってしまった。

本当に頭に来た時は、私は、相手を口を極めて罵倒するか、あるいは朝の湖のように静かになるかどちらかである。あの時は、幸いにして、後者となった。噴火していたら、社会的に極めてまずいことになっていただろう。

私は、ケンブリッジの日本人会に、もう一度だけ行ってみた。たまたま私が行った回がひどかったのかもしれない、と思いなおしたからである。しかし、事態は全く同じであった。私は震撼し、呆れ、二度とその場所に足を踏み入れなかった。

その話をやはりケンブリッジへの留学経験がある書誌学者で、エッセイスト、作家の林望さんにしたら、深く頷いていた。そして、林さんはこう言った。「茂木さんは偉い。あんなところに、二度も行くんだもの。私なんか、一度行ってもうこれは駄目だと思って、一切縁を切った」

林望さんよりも私の方が、二度行っただけ愚鈍であったということだろう。

むろん、同胞として、異国に留学している学者たちにシンパシーを感じないはずがない。しかし、彼らの偶有性に対する態度には、強い違和感を抱かざるを得ない。偶有性が全くないというわけではない。ただ、その文脈の設定が根本的に間違っているのである。

学問という狂気

学者にとって、何よりも大切なのは言うまでもなく学問であろう。そして、学問とは、実際に命のやりとりをすることはないにしても、それに近い精神的戦闘が行われる、というのが本来のところであろう。そして、学問の偶有性の文脈には、およそ、肩書きとか、組織とか、そういう余計なものがまとわりついてはならない。

日本のアカデミズムの不幸は、肩書きや組織をめぐる偶有性が学者たちの主要な関心事になっていってしまうことだろう。あるいは、いかに政府の審議委員として使ってもらうか。あるいは、省庁の研究助成費をいかに分配するか。そのような、人と人との関係におけるさまざまな配慮、工夫が、本来いきいきとしたものであったはずの学者の脳裏を支配するモティーフになってしまう。だから、「知のアスリート」たる自負や輝きが感じられなくなっていく。

ケンブリッジの日本人会の惨状が目立ったのは、ケンブリッジの学者たちの、学問以外のことは一切顧慮しないとでもいうような、なりふり構わない没入とのコントラストがあまりにも鮮明だったからであろう。

むろん、英国人にも肩書きや組織を気にするスノッブはいる。そのようなスノッブ的心性は、日本人であろうが、英国人であろうが、どんな学者の中にもある。しかし、一つの理想型としては、学問の偶有性に帰依する学者の姿がある。会話に入るとすぐ学問の話しかしないのである。そこで、自分の知識や経験、直感を総動員して、凄まじいまでの知的なバトルが行われるのである。

何の前置きもなしに、実質的な討論に入る。そして、それ以外のことは一切考慮しない。百メートル走や、スピードスケートにおけるアスリートは、競技の最中、他のことは考えないだろう。学問も、それと同じこと。集中と没我。そこには、遊びがある。フロー状態が顕れる。そのようにして初めて発揮される、人間の知性というものの輝きがある。

組織や秩序が後生大事な人にとっては、それは禍々しいものかもしれない。しかし、それを言うならば、そもそも人間の知性というものは、その最良の作用において、禍々しい側面を持っているのではないか。

学問の偶有性に正面から向き合う学者の目は、爛々と輝いている。その精神は、どこか遠いところに行ってしまっている。

たとえば、ニールス・ボーアと量子力学について議論しているアルベルト・アインシュタインの表情。世に名高い、ボーア・アインシュタイン論争。素粒子の世界を記述する量子力学の本質について、その生みの親である知の巨人二人が、長年にわたって激突した。

アインシュタインの友人でもあった、物理学者のエーレンフェストによる写真が残されている。ボーアの横に座り、虚空を見つめているアインシュタインの眼は、妖しく輝いている。

この世の本質は確率的かどうか。

「神はサイコロを振るか?」

「月は、私がそれを見ていない時にも、そこに存在するのか?」

世界の実在のリアリティをめぐって、アインシュタインはボーアに論争を吹っかける。ボーアは、量子力学における「正統派」の理論である「コペンハーゲン解釈」をつくりあげた張本人。アインシュタインが次から次へと考える「思考実験」に基づく量子力学に対する攻撃に、懸命に反撃する。時には一晩一睡もせずに、アインシュタインへの反論を準備する。

ここには、学問というものが持っている、偶有性の嵐の本来的姿がある。繰り返しになるが、組織や肩書きなど、全く意味がないのである。そんなことを顧慮する時間は、一秒たりともないのである。

頭の中が学問という偶有性のダイナミクスで一杯になってしまっている学者の様子を見事に描いた例としては、映画『マイ・フェア・レディ』における、名優レックス・ハリソン演じる「ヒギンズ教授」の例がある。オードリー・ヘップバーン演ずる花売り娘のひどいコックニー・アクセントを、ヒギンズ教授は書き留める。インドの方言を研究しているピッカリング大佐と出会い、その人とわかると、ヒギンズ教授はさっそく大佐を自宅に招く。

ピッカリング大佐を相手に、ヒギンズ教授は音叉を鳴らし、母音の種類について講義を始める。ピッカリング大佐が「もう疲れたよ」と言っても、容赦はしない。

その没入。その献身。会話を始めれば、間髪を入れずに本題に入っている。それからは、延々と思考のパス回しが始まる。その振る舞いは、明らかに「向こうの世界」に行ってしまっている人のそれである。そこには、明らかな狂気がある。それでも、英国の学者たちの性向を知っている者にとっては、ヒギンズ教授の造型はフィクションではなく、一つのドキュメンタリーのように映る。何と痛快なことだろう。

脳は「集中と拡散」を繰り返す

生死が左右されたり、この世の真実が懸かったり。そのような時、私たちはつい厳粛な気持ちになる。しかし、逆説的であるが、事が重大であればあるほど、私たちの潜在能力は「遊び」の領域に達する時に最も強く発揮されるのである。

その際の脳のメカニズムはどのようなものか？　第六章でも触れたように、近年、脳が何か特定の課題に取り組むこともなく、いわば「アイドリング」している時に活動し始める「デフォールト・ネットワーク」の存在が注目されている。デフォールト・ネットワークは、辺縁系や大脳新皮質の一部を含む、いわば脳の「核」をつくる神経回路網。脳の活動が外界と強く結びつくのではなく、ある程度の余裕をもって自発的に活動することができる時に、デフォールト・ネットワークが活発に働き始める。

デフォールト・ネットワークの機能として、外界にあったり、あるいは脳の中に潜在している重要な情報をピックアップするということが考えられている。例えば、無意識の中で記憶が整理されて、結びつきが変わり、新たな脈絡が形成される。その情報が、脳が目の前のことに取り組んでいる間は無意識の中に蓄積され、いわば「出番」を待っている。

脳が「今、ここ」の当座の課題から解放されて、特定の目的に束縛されないようになると、デフォールト・ネットワークが活動を始める。デフォールト・ネットワークが活動するということは、つまりは脳が「遊んでいる」状態。その遊びの中で、外界にある今まで気付かなかった要素に目が行ったり、無意識の中から浮かび上がってくる「内なる声」に耳を傾けたりする。

むろん、脳が特定の目的のために全力で機能している状態にも、目を見張るものがある。脳の「司令塔」である前頭前野外側部を中心に、さまざまな回路が動員され、当座の目的を達しようとする。とりわけ、生死がかかったような状況においては、脳は凄まじいまでの集中をもって、事態に対処しようとする。

しかし、一方で、緊急事態においては、何が起こるかわからない。どのようなことが起こっても、それに柔軟に対応できなければならない。だからこそ、あたかも「遊び」に没入しているかのような、自由で闊達な脳の働きが必要となる。そうでなければ時々刻々と変化する状況に適応することができない。

集中すべき事柄が目の前にある時には、通常、デフォールト・ネットワークの活動は低下するはずである。前頭前野外側部を中心に、さまざまな回路の総動員が行われるはずである。しかし、そのような「集中モード」の活動と同時に、低下するはずのデフォールト・ネットワークの活動が維持される。「集中」と「拡散」という、矛盾しがちなベクトルが、見事なバランスのうちに、脳の中で両立する。そのような脳活動の中にこそ、チクセントミハイの言う「フロー状態」を支えるメカニズムがある可能性が高い。

この分野における脳科学的解明は、未だ始まったばかりである。

遊びの至上

遊びをせんとや生れけむ
戯れせんとや生れけん
遊ぶ子供の声きけば

我が身さえこそ動がるれ

平安時代に成立した歌謡集、『梁塵秘抄』にある余りにも有名な歌。私たちの生の本質は、遊びにある。共感する人は多いだろう。しかし、それを実際に生において実践するとなると、さまざまな困難が伴う。

十分な技量や知識がなければ、「遊び」の領域に至ることはできない。モーツァルトその人のレベルには到達できないとしても、近い形で、ピアノで遊び、自由に作曲をしようとするならば、それなりの精進が必要である。数学を知らぬ人は、数学者の遊びに加わることはできない。素養を積み重ねなければ、漱石の『坊っちゃん』の風狂に達することはできない。

物事を殊更に真面目に、あるいは重大に考えようとする傾向。ニーチェのいう「重力の魔」は、さまざまな場所に潜んでいる。そして、存在の重力に屈することは、多くの場合楽である。社会からも、「あの人は真面目だ」と評価されるのだから適応的でもある。

しかし、本当に生の可能性を輝かせ、みずからの創造性を発揮しようと思ったら、重力の魔に屈してはいけない。あくまでも、遊びこそが至上であることを、貫かなければならない。

人間のもっとも麗しい性質は、一人遊びの時間に顕れるのではないか。私にも覚えがある。私の場合の野球ゲームは、パチンコ玉と鉛筆だった。本を、内野手や外野手に見立てて積み重ね、右手でパチンコ玉を投げて、左手で打った。カーブやシュート、それに消える魔球もあった。打つ側も、一本足打法とか、バントとか、いろいろ工夫した。もちろん、スコアブックもつけた。カレンダーの後ろに書いて、その都度捨ててしまったけれども。

何と他愛のない遊びだったのだろう。それでいて、「遊びの至上」がそこにあったことは今日でも疑いなく確信される。

子ども時代の思い出は、大切にとっておけば良い。問題は、ともすれば生真面目になってしまう大人になってからの仕事。社会的に立派なものと思われている学問のうちに、いかに遊びの至上を持ちこむか。目を閉じれば、それがいかに難しいことかがわかる。それでいて、どんなに大切なことであるかも身にしみる。

「遊びをせんとや生れけむ、戯れせんとや生れけん」

遊びの至上に身を託すことには、それなりの覚悟がいる。鍛錬が必要となる。

実際に命のやりとりをすることはないにせよ、信長のように捨て身になれるか。夏目漱石のように、自らの仕事の実質に寄り添うことができるか。ボーアとアインシュタインのように、ライバルとの切磋琢磨のうちに、知的生産物という鋼を鍛えることができるか。

遊びの至上は私たちの魂に近く、そして実践において遠い。遊ぶことの厳しさと喜びに思いを馳せると、いつでも胸が一杯になる。そして、生まれてきて良かったと思う。生きることの目眩の中に、偶有性の映し鏡が姿を顕す。

第九章　スピノザの神学

神は幻想か

すでに触れたように、イギリスの進化生物学者リチャード・ドーキンスは、近代科学の知見に裏付けられた啓蒙主義の立場から、「神」の概念は幻想であると強調している。ドーキンスの熱情あふれる論調は、『種の起源』が出版から百五十年を経た今でも、その重要な帰結について知らない人があまりにも多いという懸念から発している。

ドーキンスの努力は、賞賛に値するものである。しかし、ある概念が幻想であるからといって、それが人間の実存にとって意味を持たないということにはならない。合理主義者たちが「神」の概念をいかに攻撃したとしても、そう簡単には信仰は揺るがない。「神」という概念の、私たち人間の実存にとって持つ意義が、完全に失われることはないだろう。

文化圏や、歴史的な経緯にあまりかかわりなく、「神」という概念を、人間がごく自然のうちに構想してしまうのは不思議なことである。どうやら、「神」という概念は、私たち人間の思考の奥深くに、根強く定着しているらしい。

私たちと「神」とのつき合いは、人生のごく最初から始まっている。どんな小さな子どもでも、知らず知らずのうちに「神」という存在を思い浮かべる。幼き人に、「神さまっている?」と言えば、ごく素朴に、「いると思うよ」と答える。そのような人間の心性の持つ傾向は、科学技術が発達した現在においても、否定し難い。

もっとも、幼き人の中にある神さまの概念は、素朴なものにならざるを得ない。本当に心愉しいことであるけれども、子どもにとっては、父や母が「神」として見えている。自分の命が、その人たちなしでは存えられない。その人たちの愛情や好意に、すがらざるを得ない。そんな思いが発展し、延長していくと、自然に「神」の概念へと結実していく。

キリスト教に見られるような「一神教」の思想体系においては、神は人間のような属性を持った「人格神」として構想されることが多い。厳密な神学上の見解においてというよりは、素朴な信仰のかたちにおいてとりわけそうである。キリスト教の文化圏に育つ子どもは、父や母に対する敬愛の念を、自然と「天なる神さま」へと発展させていくのであろう。

人間にとっての「神」の概念は、私たちが産み落とされたこの宇宙という場所の豊饒性、多様さに対する驚異の念から発している。「神」という概念は、環境の中のさまざまなものに支えられて私たちの命があるという自覚に根付いているからこそ、なかなか廃れない。そして、「神」の概念が、それぞれの文化圏の伝統、暗黙のうちに受け継がれているさまざまな含意によって支えられている以上、「神」の概念もまた、地域によって異なるニュアンスを持たざるを得ない。
日本における「汎神論」的な考え方は、時に原始的だと評される。しかし、「神」という概念の起源にまでさかのぼれば、森羅万象の中に「神」を見る日本人の精神傾向には、それなりの必然性が認められる。

山自体が御神体であるという奈良県の「三輪山」。古から、神が宿ると考えられてきた。かつては、一般の人が登ることは堅く禁じられていた。今では、手続きをとり、参拝者の印である白いたすきをかければ誰でも登ることができる。しかし、依然として、一木一草を持ち帰ることも、写真を撮ることも許されない。私自身も登攀したことがあるが、自分の足下に横たわる岩塊の何とも言えない存在感に、魂がふるえる思いがした。

宮崎県の高千穂にある「天岩戸」。日本神話の中で、アマテラスオオミカミがお隠れになったとされる伝説の洞窟が、今でも信仰されている。高千穂自体は、日本のどこでも見られるような里山の風情に満ちている。そのような場所が「天孫降臨」の地であるということは、いかにもこの温帯の島国にふさわしい。その中で、天岩戸だけは、どこか近づきがたい神々しい気配に満ちている。おそらくは、古の人がその天然なる美しさに打たれて、自分たちの神話体系の大切な要素との結びつきを構想したのであろう。

それが「人格神」であれ、あるいは自然の風景の一部がそのまま「御神体」となるのであれ、あるいは他の全く異なる信仰の形態を取るのであれ、世界各地に見られる「神」を巡る人々の思いの表し方は、そのまま私たちのこの宇宙に対する根本的態度の何某かを現している。

ドーキンスの「神」の概念の否定が、その趣旨は理解できるもののどこかかえって原理主義的な色彩を帯びるのは、「神」というものが文化的伝統、歴史的経緯によって育まれてきた産物であるという事実があるからだろう。この世は多様である。その中に息づく生きとし生けるものもまた様々である。そのような宇宙が、一体どのように出てきたのか、私たち人間がその説明原理を求めようとあがく中で、ごく自然のうちに、「神」の概念が生まれてきた。「神」とは、信仰の対象というよりは、まず何よりも一つの説明原理だったのである。

「神」の進化

ニュートンの機械論的宇宙観や、ダーウィンの進化論など、この世の成り立ちを説明する新たな原理が登場する度に、旧来の「神」の概念との整合性が問題にならざるを得なかった。宗教体系というものは、一度打ち立てられてしまうと変化せずにずっと継続していくという側面もあるが、それだけではない。時代とともに、新たな地平線が開かれ、「神」「宇宙」「人間」「生命」といった私たちの世界観において大書されるべきものの内実は変化していった。

哲学者のフリードリッヒ・ニーチェは、その主著『ツァラトゥストラはかく語りき』の中で、宇宙のすべての履歴をそのまま肯定する「永劫回帰」の思想を語った。この宇宙が、もし、そのまま何度も永遠に繰り返されたとしても、そのことを全面的に肯定する。そのような宇宙のあり方以外に、この世界の存在形式はないとニーチェは考えた。

ニーチェは確かに「神」を殺したが、そのニーチェでさえ、この世界の中の私たちの実存を肯定し、何よりも根拠付けるためには何らかの形而上学を必要とした。ニーチェの生命哲学は、あるいは一つの「神学」であったと言っても良い。

時代は流れ、社会の中により明確な性質と自己意識を持った「個人」が台頭してくるにつれて、「神学」はより個人主義的な色彩を強く帯びるようになる。

ニーチェによる宇宙の永劫回帰の肯定を、個人のレベルで、肉体的にも精神的にも苦しい負荷のかかった状況において「再演奏」したのが、フランスの小説家アルベール・カミュである。カミュの『シーシュポスの神話』においては、神によって罰を受けた男が一人、大きな岩を持ち上げている。坂道の一番上まで持ち上げると、岩は下まで転げ落ちてしまう。永遠に苦しみが続く。死ぬことさえできない。そのような男が、その状況を「これが私の運命だ」と引き受けた時、男は自由を感じる。喜びを抱く。神話の中の男が、この世の因果に縛られている私たち自身の誇張された似姿であることは言うまでもない。

「神」は進化する。信仰の対象としてはもちろんのことだが、何よりもこの宇宙の中の不可解な私たちの実在に対する「説明原理」として。「神」というモティーフの変奏には、無限のニュアンスが存在する。そうして、熱帯雨林の中のさまざまな植物相が生の偶有性の表現であるように、「神」を巡る言説の進化もまた、私たちの生の偶有性の表現である。

私たちは、すべてを見通すことはできない。どんなにすぐれた人も、万物を一覧することはできない。だから、どんな思想も、「有限の立場」の限定の下にある。それで良い。何らの限定もなしに、絶対的に正しい言明など、存在しない。すべては、相対化される。「神」の万華鏡のようにさまざまなニュアンスさえも。そこにあるのは、「正しい」「正しくない」という問題ではない。人間の知性に関する限り、全ては、「今、こうあることに必然性はない」「別のかたちでもあり得た」という生の偶有性の、一つの果実でしかないのだ。

「神即自然」——スピノザの『エチカ』

「神」の概念は、さまざまな階調の下に語られてきた。新しい知見や概念がもたらされるにつれて、古くからある「神」の概念のいくつかは、その有効性や整合性を失い、知的な探索の現場においては力を失ってきた。

そんな中で、未だに知のフロンティアにおける訴求力を失わない「神」の概念がある。それは、十七世紀オランダの哲学者、バルーフ・デ・スピノザが提出した「神」の概念である。

スピノザは、「神即自然」とも呼ばれる独自の「神」の概念を展開した。スピノザにおける「神」は、宇宙とは独立に存在する人格神ではなく、むしろこの宇宙そのものである。この宇宙は、私たち人間の「心」も含めて、すべて絶対的に無限な存在である「神」の顕れである。当時のキリスト教世界において支配的な考え方であった「人格神」の概念と相容れないスピノザの思想は、危険な存在と見なされる可能性があった。ラテン語で書かれたその主著『エチカ』は、スピノザの死後まで出版されることがなかった。

スピノザの「神」の概念は、物理学者アルベルト・アインシュタインのような掛け値なしの合理主義者によっても受け入れられた。方程式で書かれるような、この宇宙を支配する自然法則以外の「神」を認めなかったアインシュタインも、スピノザ的な「神即自然」の概念ならば受け入れられた。アインシュタインは、スピノザの思想に多大な影響を受けたことを告白し、「スピノザの神ならば信じる」とまで述べている。

スピノザの『エチカ』は五部からなる。第一部「神について」、第二部「心の性質と起源について」、第三部「感情の性質と起源について」、第四部「人間の絆、あるいは感情の強さについて」、第五部「理性の力、あるいは人間の自由について」。『エチカ』の叙述は、ユークリッドの『原論』のような形式をとっている。まずはすべての議論の前提となる「公理」が列挙され、続いていくつかの「命題」が示される。それぞれの「命題」は、「公理」から論理的推論に基づく方法によって「証明」される。

スピノザの叙述は、ところどころで曖昧であったり、矛盾を含んでいるようにも見える。また、各「命題」の「証明」も、形式的言語による数学的証明と比較して、その厳密さの水準において劣る点があることは否めない。

それでも、『エチカ』が今日に至るまで読み継がれ、多くの論者に影響を与えているのは、その論考の中に星のように煌めく発想が埋め込まれているからである。『エチカ』で展開されるのは、「神」を巡るさまざまな議論から、いわばそのエッセンスだけを蒸溜し、取り出して純化した概念世界。世界各地の文化圏の中でさまざまな様相を示す「神」に関する議論の、もっとも中核的な部分を「串刺し」にして取り出したような、そんな深い感動を『エチカ』を読む者は覚える。スピノザの徹底した態度は、ともすれば情緒や思い込みに影響されがちな「神」を巡る議論において、一つの不動の到達点を示している。

以下では、主に『エチカ』第一部及び第二部の議論を中心に、スピノザの論旨が今日の私たちから見てどのような意義を持つかを検討する。とりわけ、人間の心の本性、及びその起源に関する議論に、スピノザの体系がどのような示唆を与えうるかを考察する。また、意識を含む生命のあり方を考える上で避けて通ることのできない「偶有性」の問題について、スピノザの議論がどのような示唆を与えうるのかを考えてみたい。

各部の名称、及び以下に引用する文章は、「プロジェクト・グーテンベルク」のウェブサイトに掲載されているR・H・M・エルウィズによる英訳からの、茂木による和訳である。

神の「無限」と人間の「有限」

私たちの素朴な信仰体系において、「神」は無限と結びついている。そもそも、この世界の中にあるさまざまなものの説明原理である以上、神はすべてのものの背後になければならない。その存在意義は、ある特定の文脈に限られるものであってはならない。

スピノザにおいて、「神」の概念は明確に「無限」と結びついていた。それは、第一部「神について」の冒頭に挙げられている公理に明確に記されている。


「神」という概念によって、私は絶対的に無限な存在を指し示す。つまり、「神」は無限の属性を持っているのであり、それぞれの属性が永遠にして尽くすことのできない本質を示すのである。ここで、「絶対的に無限」ということを主張するのは、ある特定の性質において無限ということではないと強調するためである。ある特定の性質においてのみ無限である場合、無限の属性を持たないこともあり得る。絶対的に無限なるものは、現実を表現するに足るあらゆる本質を内包するのであり、いかなる否定をも含まないのである。

——『エチカ』第一部「神について」公理4

右において、「ある特定の性質においてのみ無限である」とは、例えばある特定の量的関係において「無限」であることを示す。一つの属性（例えば「長さ」）において無限であるとは、その長さを表す実数が無限大であるということである。しかし、長さという属性において無限である実体も、他の属性においては有限にとどまるかもしれない。あるいは、そもそもそのような属性を持たないかもしれない。

スピノザが『エチカ』で言うところの「神」の「無限」は、あらゆる意味における「絶対的」な無限である。スピノザの神は、およそ考え得るありとあらゆる属性を持つ。長さ、重さ、速度などの物質的属性はもちろんのこと、色やかたち、さらには概念といったあらゆる属性を持つばかりでなく、そのありとあらゆる変化をすでに自分の中に内包している。

子どもが素朴に考える「神さま」というものが、その万能性や広がりにおいて、まさにスピノザのいう「神」のような性質を持っていなければならないことは、見やすい理屈だろう。スピノザは、私たちの素朴な信仰を精緻化しているに過ぎない。

スピノザにおける「神」が、ありとあらゆる意味において絶対的に無限であるということは、ある重要な帰結に私たちを導く。すなわち、スピノザの言う神は、伝統的な意味における「人格神」からは程遠い存在であるということである。

論者によっては、神は、人間のように、身体や心を持ち、感情を抱くと主張する。このような論者が、いかに真実から遠くに離れてしまっているかということは、すでに述べたことから明らかであろう。しかし、これらの議論は取るに足らない。神的なる性質について考えたことがある者ならば誰でも、神が身体を持つということを否定するからである。そのことを証明するには、次の点を考えれば事足りる。すなわち、そもそも身体というものは、ある特定の量、長さ、幅、深さを持ち、ある定まった形によって境界付けられている。このようなことを、絶対的に無限な存在である神について考えることは、愚かさの極みである。

——『エチカ』第一部　命題15、ノート

人間が素朴に抱く「人格神」の考え方においては、「神」はあたかも人間のような身体を持ったものとして構想されがちである。「神は、人間を御自身の似姿として作った」という発想は、世界の様々な宗教に見られる。

スピノザは、そのような人間中心的な考え方を否定する。その論旨は明確であり、スピノザの前提を受け入れる限り、反論の余地がない。身体を持つということは、すなわち、ある特定の長さを持ち、重さを持ち、幅を持つ「有限」の存在であることを意味する。ありとあらゆる意味において無限である神が、そのような有限な属性によって画されると考えることは、ナンセンスの極みである。そのようにスピノザは断ずる。このあたりの議論は、『エチカ』全編の中でも最も迫力に満ち、また読む者の魂の芯を刺すような情念に満ちている。

神の身体性についてのスピノザの態度は、多くの人が即座に納得できるものであろう。しかし、スピノザの神の規定から導かれるもう一つの帰結については、案外多くの論者が見落としているかもしれぬ。アインシュタインのように、神を宇宙の最高の秩序自体と見なす論者、あるいは、神は、宇宙の運行の自然法則を決定するのみであり、宇宙を創成した後は一切介入しないという「理神論」をとる論者も、スピノザの次の論述から学ぶべきことが多いように思われる。

さらに、私は下で、この命題の助けを借りることなく、「知性」や「意志」は神には関係がないということを示す。神の性質に、至高の知性や意志が関わると考える論者がたくさんいることは認識している。彼らは、単に、人間の中でもっとも高い完成を見ている属性を、神に帰属させるという発想しか持たないからである。

――『エチカ』第一部　命題17、ノート

絶対的に無限な存在である「神」については、そもそも、「知性」や「意志」といった概念が適用できないとするスピノザの議論。ここで、死活的に重要なのは、「知性」や「意志」という概念が、そもそも「有限の立場」からしか生まれてこないということである。

私たち人間は、「知性」を何よりも重要な自分たちの属性だと見なしてきた。他の動物たちに比べて自然環境の変化に弱く、とりたてて圧倒的な力も持たない人間は、ただ、自分たちのすぐれた知性を用いて様々な科学的発見を成し遂げ、技術を発達させ、文明を築きあげることで自分たちの生存を図ってきた。

二十世紀の中頃には、英国の数学者アラン・チューリングによって万能コンピュータの理論的モデルが作られた。ある方法で計算機械を組み立てれば、原理的にどのような計算もすることができる。そのような「チューリング・マシン」の万能性こそが、インターネットに象徴される今日の情報文明を支えている。

「知性」は、疑いもなく人間存在の精華である。従って、「神」が、そのような人間のすぐれた資質をさらにすぐれたものにした存在であると考えるのは自然な発想である。

「人間の中でもっとも高い完成を見ている属性を、神に帰属させる」。スピノザが指摘する私たちの中の傾向が、「人間」と「神」の間に横たわる絶対的な隔絶を見誤らせる。「神」の概念との比較においてこそ、「人間」の本質は照射される。

私たち人間とは何か？　それは、徹頭徹尾「有限」の立場に置かれた存在である。私たち人間は限られた身体を持ち、ある特定の文脈で活動し、与えられた関係性の中で最善を尽くそうとする。だからこそ、「知性」が私たち人間にとっては本質的問題になる。しかし、それは絶対的に無限な存在である「神」には関係ない。

右の命題でスピノザが「知性」と並んで論じている「意志」もまた同じことである。人間がある状況の中でどのように「選択」をするかということは、「神経経済学」を中心とする脳科学の諸分野における重要な研究課題になりつつある。なぜ「意志」や「選択」が重要な意味を持つのか？　それは、人間が有限の立場に置かれた存在だからである。「今、ここ」には、限られた資源しかない。「死すべき」定めの人間は、限られた時間しか持たない。その中で、人間は何とかやりくりする。それが、まさに私たちの「生」の実相である。

それにもかかわらず、人間はついつい「無限」を考えてしまう。あからさまに「無限」を考えるだけではない。ついつい、思考のごく当たり前の「型」として、「無限」を考え、それを議論の前提としてしまう。スピノザの言う「神」だけではない。人間自身の本性を考える際にも、あるいは人間と他者との関係、人間と自然との関係を考える上でも、私たちの思考には知らず知らずのうちに「無限」が入り込む。

最も無限定な「無限」とは、スピノザが『エチカ』で言うところの「神」である。身体を持たず、知性や意志さえも持たない存在。元来有限の存在である私たちにとっては、とてつもなく眩く、想像することすら不可能な存在。私たちは自分自身を語る議論にさえ、気付かないうちにそのような「神」を忍び込ませる。そのことによって、私たちは、自分たちの地上の生のもっとも輝かしい性質を見失う。自らの命の本質を手放す。そのことによって環境を破壊する。

だからこそ、私たちは、スピノザが完膚無きまでに議論の余地のない形で展開している「神」の概念を経て、再び自分たちの本性である「有限」へと回帰する必要がある。一度「無限」を経由して、しっかりと相手を見定めて、それから自分たちの生の本質である、「偶有性」へと戻っていくことが必然となる。

有限の存在に自由は宿るのか

スピノザは、この宇宙の進行を、絶対的に無限な存在である「神」の存在そのものから導き出されるものと考える。ここに、『エチカ』において、最も繊細で、しかも現代の私たちの諸問題に大きな示唆を与えうる論点が存在する。

スピノザは、この宇宙が実際にたどってきた歴史を、その全ての詳細において、肯定する。それ以外の宇宙の歴史のあり方は、存在し得なかったとスピノザは考える。

現代の科学的世界観によれば、私たちの宇宙は、百三十七億年前に「ビッグ・バン」によって作られた。それ以来、宇宙は、さまざまな一見脈絡のない出来事を積み重ねつつ、ここまで発展してきた。

私たちの身体を作る重い元素は、現在の太陽系よりも一世代前の恒星が超新星爆発を起こした際にできた。地球は、二度ないしは三度にわたって赤道まで凍結する「スノウボールアース」の状態を経て現在に至ったと考えられている。確かに宇宙の法則によって支配されているが、「そのようにならなくてはならなかった」という必然性がない出来事から、宇宙は構成されているように思われる。

しかし、スピノザによれば、宇宙の歴史は、「それ以外ではあり得なかった」という必然性に貫かれている。

命題　宇宙の中の物事の展開は、実際に起こったようなかたち以外で、神によってもたらされるということは不可能であった。

証明　全てのものは、神の性質から必然的に導き出される。そして、神の性質は、ある特定のやりかたで存在するように条件付けられている。従って、もし物事が他の性質を持つことができたとすれば、あるいは、他のかたちで作用するように条件付けられていたとすれば、神の性質もまた、今のものとは異なるものであることが可能になる。従ってそのような異なる性質も、実際に存在していただろう。すると、二つ以上の神が存在していたということになる。これは、不条理である。よって、ものごとは、神によって、別の形で存在させられるということはあり得なかった。Q．E．D．(証明終わり)。

――『エチカ』第一部　命題33

スピノザの体系は、先に触れたニーチェの「永劫回帰」の思想を先取りしている。この世の成り立ちが、絶対的に無限である「神」の立場を反映している以上、すべては肯定される。人間の有限の立場から見れば「悪」だと思え、「不完全」だと評価されるようなことも、それが「神」の現れである以上、他の形ではあり得なかった。スピノザは、そのように断ずるのである。

私たちの生命を特徴づける「偶有性」も、スピノザの立場からすれば、宇宙全体としてみれば存在しないということになる。

命題　宇宙の中に、偶有的なものは存在しない。すべてのものは、神的自然によってある特定のやりかたで存在し、機能するように条件付けられている。

証明　何ものであれ、それは、神の中にある。しかし、神は偶有的な存在と言うことはできない。なぜならば、神は必然的に存在し、偶有的に存在するのではないからである。さらに、神の性質の諸様相は、神のこのような存在形式から必然的に導かれるのであって、偶有的に導かれるのではない。つまり、これらの様相は、神の性質を絶対的な意味でとらえるか、あるいはどのような形であれ作用するように条件付けられているかに鑑みてとらえるかによらずに必然的なのである。さらに、神は、単純に存在するという限りにおいてばかりでなく、ある特定のやり方で作用するように条件づけられているという点においてもこれらの様相の原因となるのである。もし、これらの様相が神によって条件付けられているのではないとすれば、それらが自身を条件付けることは不可能となるのであり、偶有的になるのではない。反対に、もしこれらの様相が神によって条件付けられているのだとすれば、それらが無条件に形成されることは、偶有的ではなく、不可能となるのである。このようにして、全てのものは、その存在においてだけでなく、存在する中である特定の文脈において作用するように神的自然によって条件付けられているのである。よって、偶有的なるものは存在しない。Q. E. D.（証明終わり）。

――『エチカ』第一部　命題29

つまり、スピノザにおいては、偶有性は、「有限」の存在である人間において初めて現れる性質である。

人間の本質は、必然的な存在というものを含意しない。つまり、自然の中の秩序において、ある特定の人間は、存在することもあり得るし、存在しないこともあり得る。

――『エチカ』第二部「心の性質と起源について」公理1

「ある特定の人間は、存在することもあり得るし、存在しないこともあり得る」。このスピノザの認識は、厳しいようでいて、自己中心的な思い込みから私たちを解放し、魂の慰安をもたらしてくれる。

例えば、私、茂木健一郎という人間が、今ここにこうして存在するような形で存在しなければならないという必然性は、どこにもなかった。私が存在しないという可能性もあった。誰でもそうである。どんなに素敵な人も、醜い人も、心善き人も、悪しき人も、どんな人も、存在しなくても良かった。

しかし、何故か現に存在している。存在の必然性の欠如と、「今、ここ」にあることの生々しい実感と。この眩いコントラストほど、私たちを勇気づけ、そして慰撫するものはない。

スピノザはまた、生命の本質である「偶有性」は、「神即自然」の属性ではなく、私たち人間の認識の中にある性質に過ぎないと看破する。

従って、私たちが、過去、ないしは未来の事物を偶有的だと見なすのは、単に「想像力」の結果に過ぎないのである。

——『エチカ』第二部　命題44、系1

何が起こるかわからないという「偶有性」の世界に投げ込まれているからこそ、人間が未来を選択する「意志」は意味を持つ。しかし、私たち人間にとって何よりも大切な「自由意志」を、スピノザは人間たちの自らの行為の原因についての無知から来る幻想に過ぎないと断ずる。

例えば、人間は、自らが自由であるという誤った認識を持つ。このような考えは、自分自身の行為自体については意識する一方で、それらの行為を条件付けている原因についてて無知であることによって形成されるのである。「自由」の概念は、つまり、自身の行為の原因についての無知の結果に他ならない。人間の行為が意志に依存するという主張に関して言えば、それは実体のない単なる言明に過ぎない。意志というものが何であり、それがいかに身体を動かすのかということについては、誰も知らないのである。このようなことについて知っていると主張し、魂の偽りの在処を気取るものは、ただ嘲笑と軽蔑を受けるだけであろう。

――『エチカ』第二部　命題35、ノート

スピノザは、さらに、私たちが「自由意志」だと考えているものは、人間が周囲のさまざまなものと因果的につながり、影響を受け、ある願望を抱くに至った結果に過ぎないと結論付けるのである。

人間の心の中には、絶対的なあるいは自由な意志は存在しない。精神は、ある原因によってある願望を抱くに至る。その原因は、また、別の原因によって決定されている。その原因もまた別の原因によって決定されているのであり、この連鎖は無限に続く。

――『エチカ』第二部　命題48

以上見てきたように、スピノザの『エチカ』は、絶対的に無限の存在である「神」と、有限の立場に置かれ、様々な幻想や無知の真っ直中にある「人間」との間の眩い対照に貫かれている。

スピノザの言うように限られた存在である私たち人間は、多くの誤解や無知に突き動かされてこの世界の中に投げ込まれている。これから何が起こるかわからないという「偶有性」の知覚。自らの将来を選び取るという「意志」の発露。それらの余りにも人間らしい、私たちにとってかけがえのない思いは、絶対的に無限な「神」の視点からすれば、「愚行」の積み重ねに過ぎない。

それでは、人間が有限の存在であることは認めるとして、その有限の存在である人間が、なぜ「絶対的に無限」である神のことを構想し得るのか。スピノザのようなすぐれた思想家が出て、『エチカ』という永遠の書を残すことができるのか。

有限の存在である私たちの脳髄が、因果の無限の連鎖の中で、一見プラトン的な完全性を持つクオリアにあふれた意識を生み出しうるのはなぜか？　スピノザの言うように、私たちの抱く概念が、神の完全性そのものの顕れと見なされ得るのは何故か。

カミュの『シーシュポスの神話』のように、永遠に有限の立場に置かれるという罰を科されている人間が、絶対の無限を夢見ることができるのはなぜか。ここに、偶有性にまみれた泥沼の中で発した、私たち人間の生命が内包する、史上最大にして最後のパラドックスがある。スピノザの体系の中に、私たちの存在の根本的矛盾が提示されている。

その矛盾ゆえに、私たちはこの地上の生に希望を抱き続けることができるのだ。

第十章　無私を得る道

革命は瞬時に始まり、そして続く

スピノザの言うように、絶対的な無限としての存在が「神」であるならば、私たち人間はそれからはいかにも遠い存在である。

スピノザは、神は「身体」を持たないとする。そして、「意志」や「知性」も神とは関係ないとする。スピノザによれば、これらの属性は、無限の存在である神の概念とは相容れないのである。

「身体」や「意志」「知性」といった属性は、私たち人間という、有限の存在にこそふさわしい。「身体」や「意志」「知性」をどのように磨き上げるか。それは、限りある人間に固有の課題である。日々の積み重ねの中で、私たちは、有限な存在なりに、生きるためのヒントを何とかつかもうとして、あがいている。

「無限」の神はあまりにも遠い。私たち人間には、「有限」の立場に留まるという意志と覚悟、そして運命がある。理想を抱き、しかし現実の桎梏の中でそれはなかなか果たせない。自分自身の身体や知性そのものが思うに任せない。そんな状況の中で、私たちは、容易に先を見通せないこの世界を生きている。だからこそ、何らかの指導原理を必要としている。

一つの概念との出会いが、人生の軌道を変えることがある。雷に打たれたように、何かが自分の中に入り込む。そうして、内側から徐々に風景が変わっていく。そんな過程を通して、人生は報われる。

私自身が、「クオリア」の問題に出会った瞬間がそうだった。それまでのやり方ではダメだ、何らかの新しい視点が必要だとわかった。そこから、魂の無限運動が始まった。

「偶有性」というテーマとの出会いも、突然訪れた。脳を研究する中で、さまざまな体験が蓄積されていた。大学での講演会で、聴衆の顔を一人ひとり見ていて、「この人の人生と、私の人生が入れ替わったとしたら」と想像した時、それらの要素が瞬間的に融合した。何ものかが「閾値（いきち）」を超えて、私自身の認識のシステムの中に入り込んできたのである。

認識の革命自体は、瞬時に起こる。しかし、その作用は、短い時間で完結してしまうわけではない。変化の射程は長く、延々と続いていく。そして、おそらくは終わりがない。

一人の理論家としての私は、「クオリア」や「偶有性」の問題を解明しようと努力している。これらの問題は、決してそれぞれ独立しているわけではない。私たちの意識の中で感じられるさまざまなクオリアは、一体どのように生み出されているのか。クオリアが生成するプロセスに、規則性とランダムさが密接に絡み合う偶有性が、どのように関与するのか。他のさまざまな重要な問題群とともに、クオリアの、そして偶有性の謎が所在する。研究者としての私は、「クオリア」や「偶有性」に関するアイデアをいろいろと試し、ノートにダイアグラムを記す。脳科学や認知科学、数学、物理学などについて、既に知られていることを整理し、吟味する。未だ解明されていない「私」という主観性の構造や起源との関係を考える。少しでも、進歩をしようと努力する。

一方、生活者としての私は、この限りある人生を何とか充実したものにしたいと願う。何が起こるかわからない中で、自分の人生をより良いものにしようと工夫をこらす。そのような個人的な生活が、学問と無縁であるはずがもちろんない。

人生というものは、そう容易に答えを与えてくれはしない。そんな中で、「クオリア」や「偶有性」といった概念が、随分と私の手助けになってくれてきた。これらの概念に出会い、考え、実践し、いわば、自分の「血」や「肉」とすることで、私の生き方は変化し、世界観が深まり、そうしてものの見方が移ろってきた。「クオリア」や「偶有性」には、実践知としての側面が間違いなくある。

そうして、これらの概念に寄り添って生きるということには、無限の段階があるように思う。生き方は、深め、高めていくことができる。クオリアにせよ、偶有性にせよ、これらの生命原理にかかわる概念を活かした生き方には、「初級者」から「有段者」まで、さまざまな段階がある。

「私は、偶有性の何級くらいだろうか」「そろそろ、クオリアの有段者を名乗ってもいいのだろうか」。時折、戯れにそんな類のことを考えてみることがある。

苺のクオリア

「クオリア」という視点に気付いたことで、私の人生の中にそれまでに存在しなかった全く新しいことがもたらされたというわけではもちろんない。むしろ「クオリア」は、私がそれまでに半ば無意識のうちに体験し、蓄積するに至っていたさまざまな事柄を総合し、整理する上で好都合な概念だったのである。

自分が、ある瞬間にどのようなクオリアを感じているかということを、人生の支えにすることができる。そんなことは、幼い子どもの頃からずっとやっていたようにも思う。一方では、「クオリア」という視点を明示的に言語化してから十五年経った今でも、未だ十分には深化などできていないようにも感じられる。

後付けで考えれば、クオリアに対する感受性は人生のずいぶん初期の頃から存在したように思う。それは、私が特に変わっていたというわけではなくて、どんな人にもそれに対する感受性が存在するはずである。

子どもの頃、苺を食べるのが好きだった。ガラスの器に苺を盛り、ミルクを注ぎ、砂糖をかけて食べる。その時にスプーンで苺をぺしゃんこにつぶす。つぶすと、苺の果汁が出て、ミルクと混ざる。果実が平らになって、その中に砂糖やミルクが浸透していく。それから口に運ぶと、苺の甘酸っぱさとミルクのまろやかさが渾然一体となって、陶然とするような味わいが生じるのだった。

当時は、苺をこのようにつぶして食べるというのが広く行われていた習慣だったようである。その証拠に、スプーンの背の部分が苺のようにつぶつぶになっている、苺専用のスプーンを使っていたことをよく覚えている。

当時の私が、「クオリア」という言葉を意識していたわけではもちろんない。しかし、苺をつぶすかどうかということは、振り返ればクオリアの問題以外の何ものでもなかった。そのような加工をすることによって、それまでにない苺のクオリアを生み出していたのである。

私と二つ下の妹は、断固、苺をつぶす派だった。並んでせっせと苺をガラスの容器に押し当てたものである。時には、飛んだ苺の汁が顔にかかった。泣き虫の妹も、苺を食べる時だけは上機嫌で、そんな折にもへへへと笑った。

子どもは、さまざまなことを無邪気にとらえて、何ごとも特に意識しないものであるが、そのうちに自己を客観的に見る視点が生まれてくる。

やがて、私の友人たちの間で、苺をつぶすのはあまり趣味が良くないのだ、という話が流れ始めた。お百姓さんが一生懸命作ってくれたのだから、せっかく形がよくなるようにといろいろと工夫してくれているのだから、それをスプーンでつぶしてしまうのはもったいないというのである。

お行儀の問題は別として、食味の観点からも、苺をつぶさずに丸ごと食べるというのは一つの見識だとも言えた。苺の果実がそのままごろんと口の中に入る。見た目に美しかった実はやがて口の中でつぶされ、果汁が喉に流れ込む。心地よい甘酸っぱさが、舌に広がる。そのようなプロセスを、私たちは一連のクオリアとして体験する。それも、立派な苺の味わい方である。そんなことに気付いて苺をつぶさなくなったのは、私の成長の一つの現れだったようにも思う。

妹は、私がつぶさなくなった後でもしばらくは、「こういう風にする方が美味しい」のだと苺をつぶし続けていた。苺をつぶすかどうか。そのような小さなところから、人生における「クオリアのレッスン」は始まる。

無私を得る道

クオリアは、この世界の中で出会うさまざまな対象を判断する上で、重要な手がかりを与えてくれる。五感を通して、対象の特徴をとらえる。感覚の中には、必然的に官能が潜む。とりわけ、私たちが好み、愛するクオリアについてはそうである。クオリアを基準にしてものごとを見るということは、つまりは、ひとりの官能主義者として世を渡るということを意味するのである。

しかし、その官能には無限の奥行きがある。学ばなければならないことも多い。何よりも、官能を基準にして物事を判断して良いのだということ自体に、多くの人が気付いていない。また、クオリアという官能を基準にして、ものを見ることの難しさにも、なかなか目を向けにくい。

例えば、美術展に行く。作品を見る時に、さまざまな方法がある。その作品は誰によって描かれたのか。いつごろの時代のものか。どのような流派の影響を受けて、どんなことを目的に制作されたのか。さまざまな批評家が、その作品についてどのような評価を加えているか。そのような情報を手がかりに、作品を「理解」しようというアプローチもある。

一方、作品を前にして、自分が一体何を感じているのか、そのクオリアを基準に向き合うというアプローチもある。私自身、子どもの時から、絵を見るのが好きだった。そうして、絵の中に潜むクオリア自体は、以前から受け取っていたように思う。しかし、絵を見る時にどうすれば良いのか、という方法論については、なかなかわからなかった。周囲からは、知識や文脈を基準にせよ、と教えられてきた。この絵はどこの誰が描いたもので、歴史的にはどんな影響を受けたどの筋のもので、だからこんな価値がある、そんなことを納得することが、絵画鑑賞の要であると教えられてきたのである。

クオリアを基準に何かに向き合うということは、つまり、知識や文脈から自由になるということである。余計なものを一つずつ脱いでいって、裸になるということである。服を脱ぐことには勇気がいるし、魂が裸になった時に感じるさまざまなものを見きわめるには、それなりの熟達がいる。それでも、クオリアを基準にする以外に本当は道はない。しかし、そんな簡単な真理に気付くには、優れた作品をたくさん見る必要があった。

ある作品が自分にとって良いものであるかどうかということは、つまりは、その作品が世間でどのように評価されているかではなく、その作品に向き合った時に自分の中で感じられるクオリアを基準に決められる。また、そう決めてしまって良い。そのように見きわめた時、随分と解放され、自由になった。

ここに一つのパラドックスがある。クオリアは本来、私秘的なものである。私が感じている「赤」が、他の人が感じている「赤」と果たして同じであるかどうか。同じであるという保証はどこにもないし、それを確認する方法もない。従って、クオリアを頼りにして何かを判断するということは、主観的な基準に依拠するということを意味するように考えられるし、また、知識や文脈といったものが担保している公共的な側面から離れてしまう。

ところが、実際には、そうとは限らない。ある作品の前に立ち、それが生み出されてきた背景や、従来解釈されてきた文脈、すでに受けている評価などの「公共性」からいったんは離れて、クオリアの官能の中で自らと響き合うことによって、かえってより「巨きな客観」へと至る道が開かれるのである。

このことは、例えば、美術関係者の間では、一種の「暗黙知」としてすでに共有されている。ある一つの作品が与えられた時に、それがどんなにすぐれた大家によって作られたものであっても、どんな興味深い歴史的経緯によって生まれてきたものでも、作品としての「力」がなければ、すぐれた美術品とは見なされない。作品としての「力」は、すなわち、その作品が観る者に与える「クオリア」において捉えられる。そのような含意がある。自分自身にしかわからない、私秘的なものであるはずのクオリアが、その作品が人類にとってどのような普遍的な価値を持つかということの基準になる。ここには、美というものの不可思議なパラドックスがある。

評論家の小林秀雄は、「批評とは無私を得る道である」という言葉を残した。小林秀雄は、その生涯にわたって、自分の受ける印象に真摯に向き合うことで、さまざまな対象の批評を続けた人である。小林秀雄が成し遂げたように、批評という仕事自体を、一つの芸術として立ち上げるためには、自分の内面に忠実になる以外の道はなかった。クオリアすなわち印象に基づく批評は、そこに自分という鏡が反映されてしまうがために、時に身を削るような厳しい道ともなる。小林秀雄の肖像写真に見る真剣な眼差しは、そのような批評家の内面生活を反映したものであろう。

私たちの感じるクオリアは、巨いなる客観へと私たちを導くように出来ているらしい。美しい女性の顔を見た時に、陶然たる美のクオリアが生まれる。私たちは、それがどのような理屈に由来するのかを意識しない。最近の研究によれば、顔の成り立ちにおける「黄金比」のようなものがある。具体的には、瞳の間の距離が、顔の幅（両耳の内側の距離）の約四十六パーセント、両眼と口の間の距離が、髪の毛の生え際から顎までで測った顔の長さの約三十六パーセントの時に、見る者はもっとも「美しい」と感じるということが示されているのだ。

興味深いのは、これらの「黄金比」の数値が、すべての女性の顔の比率の「平均値」と一致するということである。以前から、すべての女性の「平均顔」は、「魅力的」だと判断されるということがわかっていた。相手の顔を見ている時に、私たちはそれが平均値であるかどうかということを厳密に計算しているわけでは決してない。そもそも、顔の特徴の分布がどのようなものであるかということだって、意識されているわけでも、数値的に把握されているわけでもない。しかし、一人ひとりの主観的なはずのクオリアは、「平均顔」という客観的な事実を、いつの間にかとらえてしまっているのだ。

生まれ落ちてから、さまざまな女性の顔を見ることで、それらのデータが脳の中に蓄積され、「平均」が計算されていく。その結果、ある女性の顔を見た時に、それらが平均にどれくらい近いかが判断され、意識に上るクオリアとして結実する。そのようにして、主観的で私秘的なはずのクオリアが、客観に通じる。小林秀雄の言う「無私を得る道」を、クオリアが切り開くのである。

クオリアを生きる

女性の顔の美については、「配偶者の選択」とそれに伴う進化という意味において生物学的にも重大な意味があり、多くの研究がなされている。一方、より一般的な絵画や音楽、さらには文章において、私たちが受ける印象がどのように作られているかということについては、本格的な研究は未だ緒についていない。

私たちの心の中に感じられるある一つのクオリアには、私たちが経験してきた数多くの感覚情報が流れ込み、統合されている。クオリアは、脳内の情報処理の一つの最終形式であり、複雑な認知プロセスの結果を意識にコンパクトな形で把握させるために、自然が生み出したテクノロジーなのである。

クオリアというと、「受け身」のもののように聞こえるが、決してそんなことはない。近年における脳科学の研究は、私たちの感覚が能動的なプロセスによって支えられているということを明確に示している。脳は、自分が受け取っている感覚情報を解析し、解釈するためにさまざまな「仮説」を立てる。その上で、そのような仮説と実際に入って来ている情報の間のマッチングをとることによって、クオリアを生み出していく。

クオリアは受け取られるものではなく、生成されるものである。そうして、そこには、たくさんの無意識の中の能動性が介在している。クオリアを生きるということは、そのような自らの中にある無数の能動性の「マルチチュード」の上に浮かぶということを意味する。

さらに、クオリアをいかに作るかという視点から見れば、そこにはもっとも高度な能動性、選択、行動の問題が生じる。モーツァルトのような芸術家は、自らの創作という行動を通して、この世に今まで存在しなかったクオリアを生み出した。どのような要素を、どんな風に組み合わせれば魔法のようなクオリアが生まれるのか。その高度なクオリアの「錬金術」は人類にとっての最も美しい生のあり方の一つである。私たちは皆、幼き日の「苺のクオリア」から始まって、モーツァルトのようなクオリアを生み出す達人になることを夢見たのではなかったか。

暗闇の偶有性

クオリアは、意識の中ではっきりと把握することができる。世界を理解する上で、一つひとつのクオリアが、支えとなり、構成要素となる。

一方、私たちの生きる現場には意識では把握し切れないものがある。偶有性は、その最たるものである。そして、把握できないからといって、重要ではないということではない。

偶有性は、意識の中で、直接把握することはできない。それは、自らの身体を動かし、環境から感覚的フィードバックを受け、脳の神経細胞の活動が生じ、その時空間のパターンの中でシナプス結合が更新されるプロセスの中に、初めて立ち現れる。

意識の中で直接把握できない偶有性を大事にするということは、クオリアを通して自己という世界を映す「鏡」と対話するというのとは、少し異なる性質の態度を余儀なくされる。

私たちは、まずは行動しなければならない。そうして、その行動の結果を引き受けなくてはならない。向こう見ずにならなくてはならない。そして、失敗したり、転んだり、怪我をしたり、傷付いたり、傷つけたり、ぶつかったり、すれ違ったり、落胆したり、望外の幸せに浸ったり、時には絶望しなければならない。

偶有性の現場において、私たちは「観照」の態度をとることはできない。自らの身体を、投げ出さなくてはならない。酒に酔い、駅のホームから落ちてしまって死に損なった小林秀雄のように、炎の中に自ら飛び込むブリュンヒルデのように、あるいは自分の喉に嚙みついた蛇の頭を逆に嚙み切って立ち上がり笑う『ツァラトゥストラはかく語りき』の中の男のように、行為のただ中に身を置くのでなければならない。

クオリアは、いわば、私たちの心の現象学における光のようなものである。それは鮮明な、はっきりとした個物として私たちの意識の中に現れる。一方、偶有性とは暗闇である。暗闇の中に、一つひとつのクオリアの光が輝くのである。

偶有性の処理にかかわる記憶や情動などの神経回路の動作のほとんどは、意識に上ることがない。私たちの感情は、規則性と偶然の入り混じった状況においてさまざまな浮沈を経験する。しかし、そのごく一部分しか、意識の中でそれと把握される表象としては知覚されない。偶有性は、意識のように前面に出ることなく、背景で作動し続けるのだ。

第七章でも触れた、時間論の哲学を探究している私の友人は、かつて、自分は光り輝く一つの星ではなく、その星々の背景にある広大な暗闇になりたいと言った。

意識の中に浮かぶさまざまな表象という私たちの人生の光は、実際に、偶有性という「暗闇」によって支えられている。意識の中に表象されるものは、広大な偶有性の暗闇の中に浮かぶ生命の「欠片」に過ぎない。もし、大部分の生を暗闇に包まれて生きることが私たちの避けられない運命だとすれば、私たちはよろこんでそれを抱きしめなければならないのだろう。

そして、私たちの生においては、「星」も「暗闇」も孤立などしていない。私たちの認知の有機的な網の中で、星と暗闇はお互いにふるえ、共鳴しながら命という花火を演出しているのだ。

偶有性は必ず我々を追いかける

偶有性とは、こうなるであろうという規則性が常に探索されるということであり、また、その規則性が不断に破られるということでもある。まったくランダムでもなく、完全に規則的なのでもない。ランダムさと規則性が入り混じっている状態が、「偶有性」の領域である。

偶有性とは、また、「今、ここ」に私があるその状態に、必然性はないということである。スピノザが言うように、有限の存在である私たち人間には、真の意味での必然性などない。私たちは、他のどのような人間でも有り得たのであり、また、どんなに違った選択をもなし得たのである。

この世界は、こうなるであろうという予測の下に、それを意識することなく私たちは生きている。たとえば、太陽は東から昇り、西に沈むものと思っている。自分の人生のさまざまな場面で、何が起きるかわからないとは思っているかもしれないが、太陽の上昇と下降に関する基本的な規則性自体が揺らぐとは思っていない。

一方、私たちが知覚するランダム性は、世界のごく一部でしかない。本当は、暗示的にしかとらえられていない巨大な「確実性」の領域が、スポットが当たったランダム性を支えている。圧倒的な安定性を持って、特に意識されることのない暗闇が包んでいてくれるからこそ、ランダム性の認知も存在し得るのである。

たとえば、サイコロ一つの目がどのように出るかということは、確かにランダムなプロセスであるかもしれない。しかし、そのランダムさは、様々な安定化の装置によって支えられている。まずは、そのサイコロの形状そのものが安定している。1の目は1の目の場所に、5の目は5の目の場所にあり続ける。サイコロが振られる床も、安定してそこにある。部屋の壁も、安定してそこにある。それを見つめている私も、そこにいる。だから、サイコロの目がどのように出るかというランダムさは、直接語られることのない広大な安定性の領域によって支えられている。

本当は、この世界は底が抜けてしまっているのかもしれない。一瞬先に何が起こるのか、わからぬのかもしれない。それでも、底が抜けてしまっているということの怖ろしさを、私たちは普段あまり意識することなく暮らしている。生きるという「正気」を保つために。

私たちの生活は、言葉に表現されていないさまざまな「安定性」を前提に支えられている。二〇〇一年九月十一日、ニューヨークで二つの高層ビルが崩れ落ちていく様子を目撃した時、私たちはそのことを悟ったのではなかったか。テロリズムは、そのような日常の安定性の前提を揺るがすことによって、私たちの生を動揺させようとする。

私たちが生活において暗黙のうちに前提にしていることが崩れる時、生の偶有性が露わになる。例えば、親が失業してしまった子ども。就職先がなかなか見つからない学生。妻に離婚話を切り出された夫。精密検査で、ガンが見つかった人。大切に貯めてきたお金を詐欺で失ってしまったお年寄り。

偶有性は、私たちの生の安定性を常に裏切る。だからこそ、私たちは、必死になって規則性を見いだし、安定性を求めようとする。「学歴」という人生の「保証」を求めようとし、「正社員」という生活の「糧」をつかもうとし、また、相手が自分を愛してくれているという確かな「証拠」を見いだそうとする。

しかし、残念なことに、偶有性は必ず私たちを追いかけてくる。問題は、構造的なものである。私たちが、明示的に気付いている目の前のランダム性以外にも、生には多くの不確実性が潜んでいるからだ。

自分の身体、他人との関係、社会状況、自然の循環、認知の失敗。さまざまな理由によって、前提としていた確実性が崩れる。崩壊の前線は、至るところにある。どんなに注意深い人でも、国を思いのままにする独裁者でも、自分の生から偶有性を完全に払拭することは、構造的に出来ないことなのだ。

反転せよ

偶有性からは決して逃げられない。それは、どこまでも、いつまでも追いかけてくる。なぜかと言えば、そもそも、偶有性こそが、私たち生命が長年にわたって呼吸してきた空気のようなものだからである。

原始の海で生物が誕生したその頃から、生は偶有性に満ちていた。生物は、偶有性を前提にして営まれ、進化してきた。思いもよらぬ事態を、生物は飛躍のきっかけとした。歴史上二、三度訪れた全地球が凍結するという異常な「事件」は、解凍後新しい生物群が爆発的に進化するきっかけとなった。細胞内にもう一つの生命体が入り込んでくるという不幸が、細胞内共生という知恵につながった。私たちの細胞の中にあって酸素呼吸を支えているミトコンドリアは、その動かぬ証拠である。

偶有性に背を向けても、必ずそれは追いかけてくる。だとすれば、くるりと回転して、むしろ偶有性の中に飛び込んでしまえ。偶有性の暗闇に身を包み、偶有性の海を泳ぎ、その中で存えることを試みる。それこそが、長い目で見れば、必ず生を輝かせる。

人は、弱い者である。ついつい、組織に所属するということで安心したり、肩書きを自我の拠り所としたり、人間関係の保証を求めたりする。しかし、偶有性こそが私たち生物の呼吸する空気だとすれば、偶有性に背を向けることは、つまりは呼吸するべき空気が薄くなっていくということを意味する。

学歴にせよ、正社員にせよ、結婚にせよ、治安にせよ、生活の中から偶有性を排除して、予測できることばかりにしようという動きは、必ず生命を裏切る運命にある。安全・確実さを求めることで、生命を育む空気であったはずの「偶有性」が失われてしまうのである。社会から活気が失われている時、必ずといって良いほどそこには偶有性からの逃避がある。偶有性は意識の中で知覚できないものだから、「これ」と見きわめて意識的なコントロールをすることができない。だからこそ、その暗闇に包まれるしかないのだ。

偶有性を生きる覚悟

ヘーゲルは、ミネルヴァのふくろうは夕刻に飛ぶと述べた。知恵というものは、必ず、生の現場の後から生まれてくる。だから、叡智の者であろうとするよりは、とりあえず生きてみるしかない。ものごころついた子どもも、分別盛りの大人も同じことだ。

クオリアもまた、ミネルヴァのふくろうに似ている。私たちが意識の中で感じるクオリアは、過去にずっと積み上げてきた偶有性の履歴の中から、いわば「結晶化」したものである。必然と偶然が入り混じる偶有性のプロセス自体は、意識の中で知覚されることができない。偶有性は意識するものではなく、生きるものである。そうして、偶有性を生きる中で、この世界を認識する際に便利な「アルファベット」として、クオリアが選ばれてきた。

赤や青の色彩。鳥のさえずりの音色。手の温もり。舌の上にとろけるチョコレートの甘味。これらのクオリアを獲得するために、いかに多くの悲嘆と衝撃を経由して来なければならなかったか。

スピノザが看破したように、偶有性とは、有限の立場に置かれた人間だけに適用され、神にはあてはまらない概念である。そうして、有限の立場で経験される生の浮き沈みが、やがてクオリアという形で結実する。

そのクオリアが、あくまでも私秘的な経験でありながら、逆説的に公共性を担保するものであること。この点に、この世界の最大のどんでん返しがある。かつて、ジョージ・バークリーは、私たちが何かを見るということは、すなわち「神」が見ているのだと論じた。私秘的な体験が公共性に接続される驚異の背後には、まだまだ私たちが考え抜いていないさまざまな事態がある。

そうして、偶有性の海に飛び込み、自らが存えることを図り、愛する人間が幸せになることを願い、思わぬ事態におびえ、恐怖から隠れ、やがて訪れる死から目を逸らし、時には卑屈に、たまにはほんの少しの勇気を持って生きる私たちが、知らぬうちに利他的な行動をし、他人とつながり、公共性の中に満たされていくとは、何という奇跡であり、恩寵であることだろう。

偶有性からクオリアへ、そうして、さらにはその向こうの大いなる公共へと至る道。偶有性の暗闇の中であがき続ける私たちの心に、やがてさまざまなるクオリアが輝き始めるという意識の奇跡。

私秘的な体験に誠実に寄り添うことの中にこそ、巨大な宇宙につながる術がある。この認識こそが、これからの困難な時代に私たちの未来を照らす希望でなければならない。

愛し、憎め。

夢を抱き、絶望せよ。

暗闇の中を手探りで歩く日常の中でやがて、自分たちの前に「無私を得る道」がどこまでもまっすぐ延び、生命の輝きをもって誘うことに気付くのだ。

あとがき

「偶有性」という概念が私にとって大切なものと思われるようになったのは、本文中にもあるように、九州大学での講演会がきっかけである。壇上から会場の一人ひとりを見て、この人と自分が入れ替わったら、どうだろうと想像してみた。どんな人と入れ替わっても、その人生を楽しんで見せる。そんな風に思った。そのことに思い至った瞬間、何とも言えない気持ちになった。胸がざわざわし、甘美な風が心の中を吹き過ぎたような気がした。

新潮社の季刊誌「考える人」に「偶有性の自然誌」というタイトルで連載する機会を得たのは、それからすぐ後のことである。二〇〇八年冬号から二〇一〇年春号まで十回にわたって、偶有性について考察するエッセーを掲載した。

毎回、「偶有性の自然誌」の原稿に全力投球した。深く潜ったような気がして、書き終えた時に息がたえだえになることもしばしばだった。ちょうど、外的にはもちろん、内面的にも大きな変化が見られた時期。一つひとつの原稿が、私にとって大切なものとなった。

生命や、脳の働き、そうして心の本性。さまざまな大切な問題に、偶有性が関係していると直覚している。偶有性について、これからも考察を進めていきたい。読者の方々の忌憚ないご意見を、ご感想をお待ちしている。

連載終了後、「考える人」を創刊し、ずっと編集長として引っ張ってこられた松家仁之さんが新潮社を「脱藩」され、偶有性の海に飛び込んだ。松家さんに深く感謝するとともに、今後のご活躍をお祈りしたい。連載中、私を励まし、また単行本化に当たって大変お世話になったのが新潮社の金寿煥さんである。金さんに心からお礼を申し上げます。

二〇一〇年七月　東京にて

茂木健一郎

生命の本質は、偶有性にある。脳は、偶有性に対応するために進化してきた。意識は、偶有性に対する一つの適応である。

このような認識は、時を超えた、普遍的なものであろう。一方で、時代とともに、私たち人間にとって死活的に重要な「偶有性」の問題の内実も、また、変化していく。

偶有性とは、生きるとは予測しがたいという原理であり、またその認識である。生活の中で出会う「驚き」こそが、脳にとってのもっとも滋養に富む刺激になり得るという叡智でもある。

その一方で、人間は、さまざまなものを数値化し、シンボル化し、予測可能なものにしたいという拭いがたい欲望も持つ。コンピュータやロボット、人工知能が、このような数値化、シンボル化の流れを担っている。そして今、人間の文明の趨勢は、「偶有性」という生命本来の原理とは、異なるかたちで発展して行こうとしているようだ。

もちろん、将来は、偶有性をその中に取り入れた人工システムも出てくるかもしれない。しかし、今までのところ、コンピュータやロボットといった人工物は、生命が長い間さらされてきた偶有性からは離れた、予測可能かつ定型的な文脈の下で設計され、動作している。さまざまなロボットが開発されても、電源に依存せず、埃や水といった環境からの擾乱要因の下でも作動し続ける「野良ロボット」が未だに存在しないことでも、それはわかるだろう。

映画『イミテーション・ゲーム』の主人公、数学者アラン・チューリングは、コンピュータの理論的なモデル（チューリング・マシン）を提案した。今日、私たちが手にしているすべてのコンピュータは、チューリング・マシンである。

コンピュータの動作原理は、脳とは全く異なる。コンピュータは、初期状態から、厳密に決められたルールで時間発展する。何度繰り返し計算をしても、間違えない。単純計算を無数に繰り返して、さまざまな結果を導き出すことができる。

一方、脳は、一つの生物現象であり、偶有性の原理の下に進化してきた。脳は、未来を予想しようとするが、一方ですべての事象は予想しきれないということを前提に動く。そもそも、脳自体の動作が、完全には予想できない。その一千億の神経細胞からなるネットワークの活動はゆらぎやノイズに満ちており、初期状態が与えられれば、どのように時間発展するかがわかるというわけではない。

脳の動作は、いい加減であり、だからこそ、偶有性に適応する。コンピュータの動作は厳密であり、偶有性に適応できない。このような違いがあるから、脳とコンピュータの間には、超えられない壁があると、考えられてきた。

例えば、コンピュータは脳のようには考えることができない。脳のような、創造性は持たない。そして、脳のように、「意識」を生み出すことはない。創造性や意識は、まさに、偶有性の産物である。厳密な繰り返し計算を行うことを得意とするコンピュータは、脳にはできないことをできるかもしれないが、脳が持つ創造性や意識のような働きは持ち得ないと多くの（さらに重要なことには、その頭脳の優秀なことを認められた影響力のある）研究者たちが考えていたのである。

ところが、コンピュータの演算速度が飛躍的に向上し、「クラウド」上の「ビッグ・データ」を、人工知能が解析する時代になって、コンピュータと脳の間の区別が曖昧になってきた。今や、コンピュータの上に実装された人工知能が人間の知性に追いつき、追い越す「特異点」の到来が喧伝されている。

人工知能の学習のアルゴリズムに、飛躍的な進化があったわけではない。人工知能の本質は、「評価関数」と「最適化」である。あるシステムの動作を、どのように評価するかの基準がある関数によって与えられる。それに従って、最も良い評価が得られるようにシステムを最適化する。このような仕組みは、何も変わっていない。

それでは、なぜ、人工知能は「進化」して来ているのか？　最も大きな要因の一つは、計算能力が向上したことである。かつては、時代の最先端のスーパーコンピュータしか持たなかった能力が、スマートフォンの中に収まるようになってきている。その結果、最適化に向けてのさまざまな試みを、高速で実行することが可能になった。

人間の将棋の棋士は、「直観」で手を決める。その際に選択肢として検討するのはせいぜい数手である。それに対して、コンピュータは、何千、何万という手を無差別に検討し、最も勝利に結びつきやすいものを選ぶ。人間の脳が、直観やひらめきで着手に到達するのに対して、コンピュータは単純な繰り返しで対抗するのである。

将棋を指す人工知能のプログラムの中に、将棋の意味の「理解」があるのかという問題は興味深いが、もはや喫緊の問題ではなくなってきてしまった。プログラムが将棋を理解しているかどうかとは無関係に、とにかく、人工知能は将棋に強くなる。いつかは、人間の名人も破るようになる。そのことを、ほとんど誰も疑わない。

将棋にかぎらず、ここ数十年の人類の歴史において起こった最も注目すべき変化は、ひらめきや創造といった知に対する人類のロマンティックなアプローチが、評価関数の繰り返しというコンピュータの機械的手法の前に徐々に破れ、撤退していくという潮流であろう。

今や、人工知能を研究する者たちの士気は高い。音楽を作曲することでも、小説を書くことでも、大学の入試に合格することでも、科学的法則を発見することでも、およそ人工知能にできないことはない、という意気込みにあふれている。そのような時代の流れの中で、人間は、徐々に、肩身の狭い思いをし始めているようだ。

コンピュータは、人間の創造物であった（今でもそうである）。ところが、人間が生み出したコンピュータ、その上に実装された人工知能、ロボットが、人間を凌駕しようとしている。

かつて、人工知能は、誤動作するもの、原始的なもの、使えないものの代名詞であった。今や、人工知能は、大量のデータを高速で処理し、人間が及ばない洞察をもたらすものとして台頭し始めている。かつて、人工知能はできそこないの脳であった。今や、脳はできそこないの人工知能であると言われかねない。

注目すべきことは、このような人工知能の爆発的発展が、偶有性の徹底的な排除に基いて行われていることだ。人工知能の学習アルゴリズムは、「飽きる」、「文脈外のことで気が散る」、「幻想を抱く」といった、人間の脳の脆弱性を持たず、文字通り「機械的」である。

人間の脳は、何億回という計算の繰り返しに耐えられない。ましてや、その計算に必要とされる膨大なデータを正確に記憶することなどできない。この点において、脳とコンピュータの間の勝負は、とっくの昔についている。

問題は、偶有性、すなわち、生命の長い進化の過程で常に重要な拘束条件であったものを排除することが、人工知能を「狭く」していることである。だが、人工知能は、むしろ、「狭い」ことで成功している。さまざまな文脈を排除して、一つの課題に特化して資源を集中することで、驚くべき結果を出すのである。

振り返れば、人間の脳にも、そのような側面があった。数学の天才が、寝食を忘れて一つの問題に取り組む時、生活の他の文脈は排除されている。知能指数で測られるような

「一般知性」は、前頭葉の、脳内の計算資源を集中させる回路の働きによって支えられている。もともと、「頭の良さ」とは、まさに人工知能が飽きもせずに実行しているような、一つの文脈への集中のことだったのだ。

計算速度の爆発的向上に支えられた人工知能が、人間がかつて天才の領域として神秘的な印象であがめていた驚くべき集中を日常の中の「コモディティ」にする時、私たち人間の自己像は、どのように変わるのだろうか。

私たちは、まさに、歴史の分岐点にいる。人工知能が、偶有性を排除し、「狭くある」ことで成功を収めつつある今、また、人工知能が、言葉の意味を理解しないままに大量の文章を処理し、大学入試にも合格し、車を自動運転し、高頻度で金融取引し、医者の診断の代替をしようとしている今、私たちは、むしろ、偶有性、そして生命そのものを、見つめなおすべきなのではないだろうか。

人工知能が、その爆発的発展にもかかわらず、偶有性を排除していること、そして、その学習を支える理論が、驚くほど陳腐であることは、現代における最も巧みに隠された「秘密」であろう。

かつて、数学者ロジャー・ペンローズは、『皇帝の新しい心』(一九八九年)の中で、人工知能を「裸の王様」だとした。時代が流れ、人工知能は本当に「王様」になろうとしている。

この王様には、意識も、言葉の意味も、生きるということもわからない。ところが、わからなくてもいいのだ、むしろ、わからないということが、偶有性の文脈を排除した繰り返し計算を単純に繰り返すという意味で、卓越性の証しであると本気で（そして無自覚に）信じる従者の群れが、人間の中にも増えてきているようである。

このような技術的趨勢は、すべてを計量し、予想可能なものにしようとする時代精神と無縁ではないだろう。

私たち人間は、「青春」を失いつつある。何が起こるかわからない青春など、なくなってしまってもいいという考え方もあるだろう。しかし、そこで失われるものは、生命そのものであるかもしれない。

偶有性の本質は、人工知能のアルゴリズムよりもはるかに深い。しかし、その解明が難しい。簡単なところから始めたいというのは人情だろう。だから、人工知能が発展する。

私たちは偶有性の本質を考えるという営みを放棄してはならない。その延長線上にしか、意識や生命の理解は、あり得ないのだから。人間は、最後は自身を知りたいのではなかったか。私たち人間の起源も、夢も、そして未来も、「偶有性」の中にある。

二〇一五年四月

茂木健一郎

本書は、二〇一〇年八月に刊行した『生命と偶有性』に、「選書版あとがき」を加えたものである。

新潮選書

生命と偶有性

著　者………………茂木健一郎

発　行………………2015年5月30日

発行者………………佐藤隆信
発行所………………株式会社新潮社
〒162-8711　東京都新宿区矢来町71
電話　編集部03-3266-5411
　　　読者係03-3266-5111
http://www.shinchosha.co.jp
印刷所………………大日本印刷株式会社
製本所………………株式会社大進堂

乱丁・落丁本は、ご面倒ですが小社読者係宛お送り下さい。送料小社負担にてお取替えいたします。
価格はカバーに表示してあります。
©Ken-ichiro Mogi 2015, Printed in Japan
ISBN978-4-10-603771-9 C0345